顺利实现建筑业企业项目经理资质管理制度向建造师执业资格制度的过渡

2003年《国务院关于取消第二批行政审批项目和改变一批行政审批项目管理方式的通知》（国发[2003]5号）规定："取消建筑业企业项目经理资质核准，由注册建造师代替，并设立过渡期。"建筑业企业项目经理资质管理制度向建造师执业资格制度过渡的时间定为5年，即从2003年2月27日起至2008年2月27日止。

为顺利实现建筑业企业项目经理资质管理制度向建造师执业资格制度的过渡，建设部日前相继发出了"关于建筑业企业项目经理资质管理制度向建造师执业资格制度的过渡有关问题的补充通知（建办市[2007]54号）"、"关于建筑业企业项目经理资质管理制度向建造师执业资格制度的过渡有关问题的说明"（建办市[2007]82号），为便于广大建筑业企业参照执行，《建造师》8"政策法规"栏目予以全文转载。

2007年10月27、28日，由中国建筑工业出版社《建造师》编辑部主办的"2007·第三届中国建造师论坛"在北京成功举办。本届论坛围绕建造师的注册，探讨了以下几方面的问题：建造师作为专业人士的法律责任问题；建造师执业的问题；建造师的考试；建造师的继续教育问题；建筑业企业项目经理资质管理制度向建造师执业资格制度过渡有关问题；建造师定位的再认识问题。

《建造师》8选登了论坛的部分论文。"建造师执业资格制度与注册建造师的继续教育"一文针对建造师们关注的继续教育问题展开探讨，通过对建造师队伍现状的分析，阐述建造师继续教育的必要性，并提出了继续教育的几项重点工作。对建造师继续教育政策的制定有一定的参考价值。"日本建设业法与技术考试制度概要"一文介绍了日本建设业法与施工管理相关的内容，并着重介绍了技术考试的概要，对我国建造师执业资格考试制度有一定的参考借鉴作用。

日前，2008年奥运会老山自行车馆工程通过了"建筑业新技术应用示范工程"评审。《建造师》8选取了老山自行车馆"新技术应用"、"有粘结与无粘结预应力成套技术"、"施工测量技术"、"绿色工程技术"予以特别推介。供建筑业同行交流学习。

《建造师》8"建造师论坛"选用了一线建造师的施工总结，欢迎广大建造师参与交流！

图书在版编目(CIP)数据

建造师8/《建造师》编委会编. — 北京：中国建筑工业出版社，2007
ISBN 978-7-112-09803-3

Ⅰ.建... Ⅱ.建... Ⅲ.建造师 — 资格考核—自学参考资料 Ⅳ.TU

中国版本图书馆CIP数据核字(2007)第198467号

主　　编：李春敏
特邀编辑：杨智慧　魏智成　白　俊

《建造师》编辑部
地址：北京百万庄中国建筑工业出版社
邮编：100037
电话：(010)68339774
传真：(010)68339774
E-mail：jzs_bjb@126.com
　　　　68339774@163.com

建造师8
《建造师》编委会　编
*
中国建筑工业出版社出版、发行(北京西郊百万庄)
各地新华书店、建筑书店经销
北京朗曼新彩图文设计有限公司排版
世界知识印刷厂印刷
*
开本：787×1092毫米　1/16　印张：7 1/2　字数：250千字
2008年1月第一版　2008年1月第一次印刷
定价：15.00元

ISBN 978-7-112-09803-3
　　　(16467)

版权所有　翻印必究
如有印装质量问题，可寄本社退换
(邮政编码100037)

第三届中国建造师论坛

1　建造师执业资格制度与注册建造师的继续教育　　贺　铭
5　注册建造师成长途径和条件　　王清训
9　从土木工程的属性和特点谈建造师的专业技术要求
　　　　　　　　　　　　　　　　　　　　　　　　刘　辉
13　日本建设业法与技术考试制度概要　　秦中伏

政策法规

21　关于建筑业企业项目经理资质管理制度向建造师执业资格制度过渡有关问题的补充通知
22　关于建筑业企业项目经理资质管理制度向建造师执业资格制度过渡有关问题的说明
24　大力推进工程项目管理促进工程建设事业科学发展
　　建设部黄卫副部长在全国建设工程项目管理工作座谈会上的讲话

特别关注

28　老山自行车馆新技术应用　　刘志翔　杨　博
35　老山自行车馆有粘结与无粘结预应力成套技术
　　　　　　　　　　　　　　　　　　　　窦春蕾　王　威
46　老山自行车馆施工测量技术　　张存锦　孟昭桐
53　老山自行车馆绿色工程技术　　王生辉　罗　莹

研究探索

59　施工组织设计的编制及其量化的评价指标
　　　　　　　　　　　　　　　　　　　　王　滢　王海滨
63　珠海市城市污水再生利用调查研究
　　　　　　　　　　　　　　　　但秋君　张　智　张显忠

68　民营建筑企业人力资源管理对策研究　　　吴向辉

海外巡览
78　2007年国际承包商225强综述
80　新加坡地铁设备安装及装修管理模式　　　李　平

标准图集应用
85　国家标准图集应用解答

工程实践
86　地下工程暗挖施工穿越城市雨污水管线施工技术　　童利红
90　浅析"同一深基坑采用两种支护结构"　　　龚建翔

案例分析
93　以卖方信贷模式实施苏丹鲁法大桥风险分析
　　　　　　　　　　　　　　　　　韩周强　杨俊杰

工程法律
98　施工承包人如何正确行使工程款优先受偿权？
　　——一则承包人工程款优先受偿权的案例分析　　曹文衔

建造师论坛
102　北京圣元中心工程项目管理总结　　　王家法

建造师书苑
106　《中国建筑业产业竞争力研究》评介　　　李洪侠
108　新书介绍

信息博览
111　综合信息
115　地方信息
封面摄影：张国辉

本社书籍可通过以下联系方法购买：
本社地址：北京西郊百万庄
邮政编码：100037
发行部电话：(010)58934816
传真：(010)68344279
邮购咨询电话：
(010)88369855 或 88369877

《建造师》顾问委员会及编委会

顾问委员会主任：黄 卫　姚 兵

顾问委员会副主任：赵 晨　王素卿　王早生　叶可明

顾问委员会委员(按姓氏笔画排序)：

刁永海	王松波	王燕鸣	韦忠信
乌力吉图	冯可梁	刘贺明	刘晓初
刘梅生	刘景元	孙宗诚	杨陆海
杨利华	李友才	吴昌平	忻国梁
沈美丽	张 奕	张之强	张鲁风
张金鳌	陈英松	陈建平	赵 敏
柴 千	骆 涛	逄宗展	高学斌
郭爱华	常 健	焦凤山	蔡耀恺

编委会主任：丁士昭　缪长江

编委会副主任：江见鲸　沈元勤

编委会委员(按姓氏笔画排序)：

王秀娟	王要武	王晓峥	王海滨
王雪青	王清训	石中柱	任 宏
刘伊生	孙继德	杨 青	杨卫东
李世蓉	李慧民	何孝贵	何佰洲
陆建忠	金维兴	周 钢	贺 铭
贺永年	顾慰慈	高金华	唐 涛
唐江华	焦永达	楼永良	詹书林

海外编委：

Roger. Liska(美国)
Michael Brown(英国)
Zillante(澳大利亚)

第三届中国建造师论坛

建造师执业资格制度与注册建造师的继续教育

◆ 贺 铭

(重庆交通大学，重庆 400074)

一、建造师队伍的现状

2003年《国务院关于取消第二批行政审批项目和改变一批行政审批项目管理方式的通知》(国发[2003]5号)规定："取消建筑业企业项目经理资质核准,由注册建造师代替,并设立过渡期。"建筑业企业项目经理资质管理制度向建造师执业资格制度过渡的时间定为5年,即从2003年2月27日起至2008年2月27日止。

2004年至今,经考核认定的建造师约有12~13万人,其中一级建造师有2万多人,二级建造师约有10万人。

2004~2007年全国约200万建筑业企业的工程技术、管理人员参加了全国一级建造师、二级建造师执业资格考试,其中2004年、2005年通过全国一级建造师考试的约有15万人,通过二级建造师考试的有10多万人,预计今年考试后全国一级建造师人数有25万人、二级建造师人数约有45万人。基本能满足建筑业企业项目经理资质管理制度向建造师执业资格制度过渡的要求。

全国一级建造师执业资格参考人员的年龄结构是:25~35岁的约38%;35~45岁的约54%;45~55岁的约6%;55岁以上的约2%。

建造师是我国建筑业企业中懂管理、懂技术、懂经济、懂法规,综合素质较高的复合型人员,既要有理论水平,也要有丰富的实践经验和较强的组织能力。虽然我们已全面推行了建造师执业资格考试制度,但就我国建筑业企业中工程技术与管理人员的整体看,无论是知识结构还是项目实际管理能力,都难以满足建筑业行业建设规模和技术发展的需求。建造师继续教育势在必行、刻不容缓。

二、建造师继续教育的必要性

1.建造师继续教育是建造师执业资格制度的重要组成部分

(1)《注册建造师管理规定》第二十三条明确指出：注册建造师在每一个注册有效期内应当达到国务院建设主管部门规定的继续教育要求。继续教育分为必修课和选修课,在每一注册有效期内各为60学时。经继续教育达到合格标准的,颁发继续教育合格证书。

(2)《注册建造师继续教育管理办法》(征求意见稿)中明确指出：

①为进一步提高注册建造师执业能力,提高建设工程项目管理水平,根据《注册建造师管理规定》和有关专业技术人员继续教育政策规定,制定注册建造师继续教育管理办法。

②注册建造师通过继续教育,及时掌握工程建设有关法律法规、标准规范,熟悉工程建设项目管理新理论、新方法、新技术、新材料、新设备、新工艺,不

断提高注册建造师综合素质和执业能力。

③注册建造师在每一注册有效期内应接受120学时继续教育。必修课60学时中,30学时为公共课、30学时为专业课;选修课60学时中,30学时为公共课、30学时为专业课。注册两个及以上专业的,除接受公共课的继续教育外,每年应接受相应注册专业的专业课各20学时的继续教育。

④注册建造师继续教育的公共课内容包括:
- 国家近期颁布的与工程建设相关的法律法规、标准规范和政策;
- 建设工程项目管理的新理论、新方法;
- 建设工程项目管理案例分析;
- 注册建造师职业道德。

⑤注册建造师继续教育的专业课内容包括:
- 近期颁布的与行业相关的工程建设法律法规、标准规范;
- 工程建设新技术、新材料、新设备及新工艺;
- 专业工程项目管理案例分析;
- 需要补充的其他与建设工程项目管理业务有关的知识。

2.建造师继续教育是建造师执业资格考试的延续

建造师执业资格考试是一种市场准入的考试,其考试方式和考试试题的局限性,使建造师执业资格考试只能解决相关知识结构和一部分相关能力的问题,很难全面、客观、真实、准确地反映建造师在工程建设中所需的相关知识结构和相关能力。当前具有建造师执业资格的人员,其知识结构和能力与工程建设项目管理岗位所需仍有较大差距,有了建造师资格很难说就能够从事相应的工程建设项目管理工作。

因此,建造师继续教育是建造师执业资格考试的延续。通过建造师继续教育不断培养建造师的专业技术能力,弥补执业资格考试中的不足,不断提升建造师的专业水平和管理能力,以适应建筑业行业科学技术发展、政策法规变化和施工现场管理的需求。

3.建造师继续教育是国际工程项目管理的需要

当今世界主要发达国家已经步入了知识经济时代,我国经济持续快速发展并已经开始全面融入世界经济体系之中,这意味着我们不但将在更广阔的领域和更高层次上参与经济全球化进程,同时也必将在经济、科技、管理等诸多领域直接面对国际竞争。工程建设项目管理的热潮,正是在这样的大背景下席卷神州大地的。加入WTO后,我国建筑业企业参与国际工程招标、开发、承包的项目逐步增多,境外投资的领域逐步扩大,项目管理的水平也在不断提高。更多建筑业企业参与了国际工程市场竞争。

但是,当前建筑业企业的项目经理确实普遍面临着层次上、素养上的挑战,面临着复合型、国际化的挑战。时代在急迫地向我们呼唤着一大批系统掌握国际项目管理知识和工具,实践经验丰富,能直接参与、组织和领导国际项目与国际竞争的复合型领军人才。

作为建造师执业资格制度的重要组成部分的建造师继续教育,理所当然应该把培养复合型、国际化的高层次工程项目管理人才视为自己的使命。从某种意义上说,建造师继续教育在一定程度上必然带动我国建筑业企业项目管理教育的新发展。通过不懈努力,在建筑业企业项目管理学科理论体系、项目管理方法体系、典型项目管理成功案例、项目管理人才培养等方面必将做出一定的成绩。

4.建造师继续教育是工程施工企业人力资源管理的需要

我国建筑业企业在计划经济时代属于政府的"后勤部门"。改革开放后,独立经营、自负盈亏,成为建筑市场的竞争主体。从人力资源管理的角度上看,建筑业企业存在着队伍庞大、构成复杂、人员知识结构、人员素质总体偏低等问题。而建筑业企业人力资源存在的问题除了人力资源管理外,各个层次工程项目管理人员的能力、水平与建筑市场的发展不相适应,也是原因之一。

高素质的管理人才是企业发展的基石。加强建造师继续教育工作,是建立企业内部人才市场的重要途径之一,也是使企业人才做到合理流动的重要途径之一。它不仅能够做到人尽其才,而且对防止人才"部门所有"十分有利。加强建造师继续教育工作,还有助于提高建筑业企业各岗位人员的技术技能,有助于提高建筑业企业各岗位人员的素质和能力,有助于提高建筑业企业组织的整体水平和工作效率。

三、建造师继续教育的工作重点

建造师继续教育是指接受过一定层次教育和具有一定工程建设项目管理水平的注册建造师的一种追加型教育。建造师继续教育以学习新理论、新知识、新技术、新方法和补充、扩展、深化、更新知识为主,注重提高注册建造师的素质和理解力,不断开发注册建造师的潜力和创造力,是注册建造师终身需要进行的教育。注册建造师继续教育是适应建筑业企业科技、经济高度发展的需要,是建筑业企业注册建造师终身教育的一种教育职能活动。

1.建造师继续教育工作应在建造师执业资格制度大局下进行

建造师继续教育应按照"建造师是以专业技术为依托、以工程项目管理为主业的执业注册人员,近期以施工管理为主"的总体要求开展工作。建造师继续教育是专业技术与管理人才队伍建设的重要组成部分。要紧紧围绕队伍建设的总体要求开展建造师继续教育工作,把提高建筑业企业建造师队伍的整体素质和能力水平作为建造师继续教育工作的根本目的。建造师继续教育不能为教育而教育、为培训而培训,必须纳入建筑业企业建造师人才队伍发展的整体规划,在实施建筑业企业建造师人才强国战略的大局下行动。这是做好建造师继续教育工作的根本前提。

2.建造师继续教育工作应紧密结合建筑业企业工程建设实践

建造师继续教育是紧密结合建筑业企业工程建设实践和工程项目管理工作岗位需求培养人才的一种重要方式。毫无疑问,结合得好,建造师继续教育成效就显著;结合不紧密,建造师继续教育就缺乏动力。始终坚持与建筑业企业工程建设实践相结合,按照工程项目管理岗位需求有针对性地开展建造师继续教育工作,是建造师继续教育事业不断发展的重要动力。

3.建造师继续教育工作应紧跟国内外建筑业科技发展步伐

建造师继续教育工作的使命就是要紧跟世界前沿理论和技术发展水平,追新求实,不断提高我国建筑业企业技术与管理人才的知识能力水平,使我国建筑业企业在关键技术、核心技术和原始创新能力方面,尽快缩短与发达国家的差距。

建造师继续教育工作要充分体现建筑业发展对人才的新要求,突出对建造师高素质、创新型人才的培养。只有瞄准世界发达国家建筑业发展的前沿水平,在建造师继续教育内容和培训组织方式上不断创新,才能使建造师继续教育工作保持旺盛的生命力。紧跟世界发达国家建筑业发展的最新趋势,不断创新建造师继续教育的内容和形式,是建造师继续教育工作的活力所在。

4.建造师继续教育工作应服务于建筑业企业工程专业人才

建造师继续教育的对象和主体是建筑业企业工程专业技术及管理人才。根据建筑业企业工程专业技术及管理人才的实际需要,采取各种适合建造师特点的方式方法,量体裁衣,因材施教,是建造师继续教育活动取得成功的重要因素。以建筑业企业工程专业技术及管理人才职业发展为出发点和落脚点,因地制宜地开展工作,是增强建造师继续教育工作吸引力的关键所在。

建造师继续教育应坚持以人为本,就是要以建筑业企业工程专业技术和管理人才为本。建造师继续教育要围绕建筑业企业工程专业技术和管理人才的全面发展开展工作,建造师继续教育的内容和形式要符合建筑业企业工程专业技术和管理人才的特点和需要,要突出建筑业企业工程专业技术和管理人才在继续教育工作的主体地位,充分调动他们的积极性、主动性。

建造师继续教育应坚持以能力培养为核心。要把能力培养贯穿于建造师继续教育工作的始终,以能否提高建筑业企业工程专业技术和管理人才队伍的素质和能力水平作为衡量建造师继续教育工作的惟一标准。通过建造师继续教育,重点培养建筑业企业工程专业技术和管理人才的领导能力、计划能力、团队建设能力、人际交往能力、学习能力和创新能力。

四、近期建造师继续教育工作的建议

1.建立、健全建造师继续教育工作体系

建造师继续教育工作体系是做好建造师继

续教育工作的组织保证。建设部及国务院相关部委要在现有基础上，根据建造师执业资格制度的相关规定，健全建造师继续教育工作机构，充实工作力量，明确工作职责。建议重点做好建造师继续教育政策制定、规划指导、组织协调和监督检查等工作。

建设部及国务院相关部委应充分发挥各建设行业协会和相关高等院校的作用，设立建造师继续教育培训机构，完善建造师继续教育培训实施细则。要以提高服务水平和管理能力为重点，加强对建造师继续教育管理人员的培训，建设一支高素质的建造师继续教育管理人员队伍。

各建筑业企业单位也要加强建造师继续教育工作机构的建设，根据建造师继续教育相关规定，具体负责与建造师继续教育培训单位制订计划、组织实施、日常管理、评估考核等工作。

各级各类工作机构之间要加强协调联系，形成建造师继续教育工作网络。

2.建立、完善建造师继续教育服务体系

先进完备的教育服务体系是做好建造师继续教育工作的保障。要积极创造条件，整合利用各种资源，加快建造师继续教育服务体系建设。

(1)建立高素质建造师继续教育师资队伍。师资水平的高低决定着建造师继续教育的质量。要依托实力较强的高等院校、建筑业企业，加快建立以兼职为主、兼专结合的高素质建造师继续教育师资队伍。建议通过培训、考试(试讲)建立建造师继续教育师资库，在更大的范围实现建造师继续教育师资资源共享。

(2)加快推进建造师继续教育教材建设。要根据建筑业行业技术的最新发展，依托高等院校、建筑业企业、科研院所、学术团体、培训机构等，组织编写较高质量的建造师继续教育公共和专业教材，并不断更新完善。建议逐步创造条件，通过市场机制筛选建造师继续教育优秀培训教材，实现建造师继续教育教材资源的社会共享。

(3)加强建造师继续教育培训机构建设。建议制定建造师继续教育培训机构建设的指导性意见，加强对各建造师继续教育培训机构的宏观指导和监督。研究制定建造师继续教育培训机构的政策措施，引入市场机制，鼓励建筑业企业、高等院校、科研院所、学术团体等各类资源向建造师继续教育投入。应重点扶持一批培训质量高、社会效益好、信誉度高的建造师继续教育培训机构，建设示范性建造师继续教育基地，带动建造师继续教育培训机构建设。

建设部：我国将对新建建筑采取强制性节能措施

建设部将对新建建筑节能采取强制性措施，不符合强制性标准的建筑工程将不予颁发建筑工程规划和施工许可证，不予进行竣工验收。

中国城乡每年新建建筑面积约20亿m²，其中城镇每年新建建筑面积约9~10亿m²。建设部科技司司长赖明今天在北京举行的新闻发布会上说，新建建筑严格执行现行节能50%标准或者有条件地区执行建筑节能65%标准具有实施难度小，可与建筑物主体同时设计、同步施工、同期竣工等优点。因此，一定要坚决把住新建建筑的节能关口。否则，对新建建筑的节能监管稍有松懈，就会导致将应该达到建筑节能标准要求的新建建筑沦落为非节能建筑，进而增大既有建筑的能耗并给以后的节能改造增加过重的负担。

赖明表示，各级建设主管部门、城市规划管理部门、建筑节能管理机构、建筑工程质量监督机构应对不符合民用建筑节能强制性标准要求的建筑工程项目不予颁发建筑工程规划许可证，不予颁发建筑工程施工许可证，不予进行竣工验收。

中国既有建筑近400亿m²，95%以上是高耗能建筑。业内人士估算，至少有1/3既有建筑需要进行节能改造。据介绍，今明两年中国将启动北方采暖区1.5亿m²既有居住建筑供热计量及节能改造。目前建设部已将1.5亿m²的节能改造任务分解到各地区，由市级人民政府负责组织和实施节能改造。

注 册
建造师成长途径和条件

◆ 王清训

(中国机械工业建设总公司，北京 100045)

一、注册建造师执业资格制度在我国取得了突破性进展

为了加快与国际市场接轨，提升我国开拓国际承包市场的能力，提升我国工程项目经理的素质和管理水平，实现项目经理的职业化、社会化、专业化，提高工程建设的质量安全和效益水平，进一步规范建筑市场，建设部自1994年开始着手研究注册建造师执业资格制度。2002年12月5日，人事部、建设部联合发布了《关于印发建造师执业资格制度暂行规定的通知》，提出了实行注册建造师执业资格制度，要求建造师通过考试取得资格。

任何一个新生事物的出现，都会遇到阻力、压力、矛盾、问题。由于实行注册建造师执业资格制度是一项规模巨大的系统工程，对我国建设事业的发展要产生重大而深远的影响，要推动建筑业企业改革和制度创新，因此必然会碰到各种问题。

6年坎坎坷坷结硕果，我国工程建设领域实施注册建造师执业资格制度取得了突破性进展。为了规范建造师注册、执业、继续教育，建设部、人事部先后颁布了一系列规定条例，引导、规范着我国注册建造师执业资格制度向着科学、健康方向发展。2007年7月6日首批符合一级建造师初始注册条件的1216人名单正式上网公布，标志着我国第一批建造师即将产生。这对于提高我国工程建设专业人员素质、建立专业人员责任制度、提高工程建设水平，具有历史意义。

二、正确认识和对待经过考试通过的建造师

目前国际上有四十多个国家实施建造师制度，但与我国建造师制度有很大的区别。国外是一种社会的认可、水平的认证，更多地侧重能力考核，考试只是其中的一个辅助手段。由于我国信用体系建设

还不完善,因此对个人执业资格是强制的,是政府的许可。面对庞大的建设管理队伍,按国外考核方式来运作是不可行的,也缺乏可操作性,只有通过考试的办法来运作。

由于目前建造师的考试方式具有局限性,建造师的考试只能考核知识结构和部分相关能力问题,难以真实、客观、全面地反映应试者在工作中的协调、沟通和管理能力,因此目前通过建造师资格考试人员的综合素质与工程项目管理岗位所要求具备的素质仍有一定的差距。

尽管如此,调查统计说明,在年龄结构上、学历上、从业岗位上,60万通过考试的建造师都比原来项目经理有了很大提高。

三、注册建造师成长途径和条件的探索

我国的建造师执业资格制度是一个基本准入制度,通过建造师考试的执业人员尚需通过完善配套的各项制度来监管,并在实践中锻炼成长,从而真正成为一个名副其实、合格的建造师。

(一)以立法形式确定建造师定位,科学规范建造师执业范围

根据《建造师执业资格制度暂行规定》,建造师是从事建设工程项目总承包、施工管理的专业技术人员。其执业范围是:担任建设工程项目施工的项目经理,从事其他施工活动的管理工作,法律、行政法规或国务院建设行政主管部门规定的其他业务。因此建造师作为以建设工程项目管理为主业的专业人士,定位于管理,应该是毫无疑问的。

在现阶段,建造师主要在承包单位从事建设工程施工项目管理工作,从国内外建设工程管理的发展趋势看,越来越多的业主需要提供全过程服务,因此,拓展我国建造师执业范围已成为必然,这不仅是国内外项目管理专业人士执业范围的发展方向,从建造师自身的发展趋势来看,也是可能的。

随着建造师执业资格制度的不断完善,建造师执业水平不断提高,建造师的执业范围将不仅局限于施工阶段的项目经理岗位,还可以从事工程项目管理的相关工作。如同具有设计执业资格的人士,也不仅只做设计,只要他们具备相应的管理能力,也可以从事有关的项目管理工作,这就是"一师多岗"向"一岗多师"方向的发展。

因此建议国家建设行政主管部门以立法形式尽快确定可供建造师执业的具体岗位,科学规范建造师执业范围。

(二)改革、完善考试内容和方式

由于目前建造师采用单一的闭卷笔试方式,虽然可以较好地考核考生对建造师综合知识、专业知识的掌握程度,但考试的实际效果与考试大纲的理想出发点存在较大的差距,建造师的能力很难得到有效的考核。尤其是组织能力、沟通能力等的考核很难通过闭卷方式体现出来,因此,需借鉴西方发达国家及地区的执业考试方式,结合中国国情和具体情况考虑:

(1)综合科目考试要体现综合能力的考核,减少客观题数量,且全部主观化,增加案例题部分。

(2)专业科目考试要体现专业能力的考核,取消客观题,全部为综合案例题。

(3)增加工程总承包和项目管理内容。

(4)增加考核环节,试行考核面试。比如可在特大城市和建筑业发达的省、市进行面试试点,积累经验,逐步推行。通过随机选取案例、设计和评价标准的设定,对申请者的各方面素质有更准确的评判。

(三)打破行业界限,改革建造师专业划分,同国际惯例接轨

建造师专业划分经合并后,一级仍有10个专业,二级6个专业。如此划分虽有一定的历史缘由,但也带来一些问题。比如多个专业之间的考试内容重复交叉,有的专业考试范围太宽,难以把握。专业划分过细,人为地设置了门槛,不利于我国建筑业的发展,影响建造师的定位,不符合国际经济发展的潮流。

为使建造师专业划分更趋于科学化、合理化、国际化,根据国际惯例,结合中国国情,应分阶段改革:第一阶段,一级建造师划分三大专业,即建筑工程、土木工程、机电工程;二级建造师可以暂分六个专业。第二阶段,一级、二级建造师全部分三大专业,即建筑工程、土木工程、机电工程。

(四)加强建造师的继续教育,确保建造师与时俱进

教育功能是评价体系的功能,继续教育是对注册人员的动态评价。按注册建造师管理规定:建造师注册后,必须接受继续教育,保持和提高原有建造师的继续教育体系,是实施建造师执业制度非常重要的环节。因为建设领域的知识体系在不断更新,建造师的知识体系同样需要补充新的养分。从内容上来说侧重于理论应用能力和实践能力的提高,不仅要进行新技术、新知识、新法规、新标准、新能力的补充,还应提供技术、知识、能力拓宽的选择。

继续教育的教育大纲、教育标准、教育计划、教育实施机构及教育监督管理是继续教育质量的有效保证,是制定详细的教育目标和相应实施措施的重要组成部分。随着《注册建造师继续教育管理办法》的出台,继续教育体系也将在实践中不断完善。

(五)加快建造师执业资格制度与学校教育有机结合

发达国家建造师的执业资格教育均与高等院校的专业教育相结合;相关专业的学生毕业后,建造师学会按照会员培训计划,经专门的培训和考核,认可后即获得建造师执业资格。有些国家,建造师的培训计划直接纳入大学教育之中,学员毕业后可直接获得执业资格。

我国的建造师作为以专业技术为依托,以建设工程管理为主的专业人士,尚未建立相应的执业资格教育标准。目前有二百多所高等院校设有工程管理专业,这是培养建造师执业队伍的主要渠道。但需进一步明确:在我国建造师定位的基础上,结合我国实际情况,研究建造师执业资格能力的框架体系,将建造师的执业资格教育与高等院校的专业教育紧密结合。建设类普通高等职业技术教育,更是注册建造师培养的主渠道。因此有必要结合中国建设管理的实际情况,加快设立工程项目管理建造师方向专业。

目前,建筑企业应与大专院校紧密合作,积极派员参加适合建筑企业特点的教育,例如网络教育的工程管理建造师方向专业学习,通过国家认可的培训方式,取得相应的大学、专科学历证书,为建造师执业考试和提高管理水平打下良好的基础。

(六)建筑业企业是培养建造师实践能力的摇篮

施工企业管理的发展方向是项目制管理,这是从"鲁布革"项目开始引入我国的一种先进的、集技术与经济于一体的国际通用管理模式。建造师是项目管理的主体,是企业发展过程中最活跃的因素,企业战略目标必须通过建造师的经营运作来实现和维护;企业规模的发展壮大和品牌的提升,靠每个建造师经营效果的积累;企业要做大做强,首先要有一批做大做强的建造师做榜样;企业要持续健康地发展也需要利用和发挥建造师的载体作用。相应地建造师也离不开企业的培育和支撑,所以建造师实践能力的培养,企业是关键,企业是摇篮。可从以下方面着手培养:

(1)企业内部设立建造师相应岗位

作为建造师,在施工企业担任项目经理并不是惟一的方向,能否担任项目经理,要取决于所在单位是否聘用、本人能否胜任。如果没有聘用担任项目经理,还可以从事其他施工管理工作。

一个工程项目要加快进度、降低成本、保证质量、保证安全,除项目经理外,还需要从事各方面管理的人才团队去管理,才能很好地完成任务。因此,企业就需要相应设立合同、进度、质量、安全、成本、材料、设备等各种管理岗位,这些岗位的管理工作需要建造师去担任。建设行政主管部门,也应尽快具体明确建造师可以从事其他施工活动的管理工作。

(2) 开展经常性的岗位培训

随着建筑业的加快发展和正处在新老交替时期，各企业都补充了不少新鲜血液，招聘了不少大中专生。虽然学历提高了，但有些专业不对口，比如有很多大中专生是非建筑类院校毕业来到建筑企业，不太适应，工作起来比较困难。因为在学校没有学习有关建设工程的管理知识、建设工程法律法规、建设工程经济、专业施工技术等，需要补充这方面知识。企业要以考试大纲和考试用书"3+1"为基础教材，认真开展经常性的岗位培训，克服和避免考试前突击培训的弊端。

(3) 鼓励企业管理人员参加成人教育学习

目前，建筑业企业中有部分人是经过考核认定取得的建造师资格，其中，有不少人虽有比较丰富的施工管理实践经验，但学历低或是没有系统地学习过管理方面的知识。如果企业能够给予他们再次接受教育的机会，将会大大提高企业施工管理水平，从而推动企业发展。

企业管理人员要积极利用业余时间，接受高等成人教育、网络教育等，学习工程管理建造师方向专业，提高理论水平。

(4) 建造师要在国内外项目实践中去增加才干

经考试通过的建造师，确实有部分缺乏实践经验，尤其是年轻的建造师，如果企业不把他们推向国内外项目实践去锻炼，一年一年过去，仍然没有机会，那他们永远也不会干。企业领导要解放思想、转变观念，要给他们安岗位、加担子、施压力，让他们学本领、增才干，在实践中成长，在实践中学习国内外新技术、新知识、新方法、新观念。

建造师在执业实践中，要以身作则，严格依法执业，提高自身的建设项目管理水平和技术能力。有条件的企业要实施"走出去"的战略，构筑国际工程市场新格局，提高建造师的执业能力、水平，尽快与国际接轨。

(5) 规范建设工程项目管理，造就高素质的建造师队伍

规范建设工程项目管理，是规范项目管理行为。规范管理有利于促进项目管理的国际化，有利于促进工程总承包和工程管理企业的发展，有利于建造师执业素质的提高。

我国建造师执业资格制度与建设工程项目管理有着不可分割的关系，建造师的主要岗位是项目管理，项目管理是建造师必须具备的、最主要的知识和最关键的技能。

要引进国外先进的项目管理方式，在自主创新中引进、消化、吸收、再创新，成为具有中国特色的先进项目管理。

建造师要接受这方面知识的培训教育，不断提高自己的素质，并在执业中实施应用。

(七) 相关配套政策是保证

(1) 建议建设行政主管部门成立建造师执业资格管理委员会，负责注册建造师管理体制、注册、执业、继续教育、监督管理等方面的全面组织、领导、监管工作。

(2) 建议尽快成立中国建造师协会筹备组，研究建造师协会的定位、职能划分、组织架构、章程及有关事宜，待条件成熟后成立中国建造师协会，有条件的省、市可先组建。

(3) 大力开展"建造师俱乐部"活动，为一线建造师搭建平台，开展学术交流活动的同时，侧重交流经验。

(4) 大力宣传弘扬优秀建造师的业绩，尽快办理《建造师》正式刊号。

(5) 尽快理顺和明确中央、地方、行业协会的企业继续教育培训和监管的关系。

(6) 尽快出台建造师注册系列配套办法，认真研究标准体系，以保证在建造师注册、执业、继续教育等活动中对规范各方行为起到积极作用。

建造师制度系列文件的相继出台，标志着我国注册建造师执业资格制度科学体系的全面确立，将推动我国建造师制度的科学、健康发展。而科学执业、依法执业正是建造师执业资格制度的灵魂。只要我们认真努力、积极探索、坚持创新、勇于实践、不断总结，注册建造师会茁壮成长。

第三届中国建造师论坛

从土木工程的属性和特点谈建造师的专业技术要求

◆ 刘 辉

(长沙理工大学桥梁与结构工程学院，长沙 410076)

随着建设市场的不断发展，建设部适时地推出了建设领域实行建造师执业资格准入制度，建造师是指从事建设工程项目总承包和施工管理关键岗位的专业人士。建造师执业资格制度是一项重要的改革举措和制度创新，必将对我国建设事业的发展带来重大而深远的影响。

建造师是以专业技术为依托、以工程项目管理为主业的执业注册人员，近期以施工管理为主。要求建造师是懂管理、懂技术、懂经济、懂法规，综合素质较高的复合型人员，既要有理论水平，也要有丰富的实践经验和较强的组织能力。对此，建设部、人事部联合发布了《一级建造师执业资格考试大纲》，对从业人员取得执业资格应具备的各方面理论知识作出了规定。

土木工程是建造各类工程设施的科学技术的总称，它既指工程建设的对象，即建在地上、地下、水中的各种工程设施，也指所应用的材料、设备和所进行的勘测、设计、施工、保养、维修等技术。

一、土木工程的基本属性

1. 社会性

随社会不同历史时期的科学技术和管理水平而发展。

土木工程作为最古老、曾长期处于前沿位置的科学技术，在人类社会的各个历史时期都对社会产生重要的影响。而且，土木工程作为人类社会生产和生活的基础设施，是人类社会进步和发展的物质支撑。农业社会的庙宇教堂是社会宗教和政治生活的主要场所；工业社会的铁路、公路、航空港建设，推动了交通业的发展，将世界的各个部分都紧密地联系在一起；工业与民用建筑、水工建筑的发展，使人们的生产和生活环境都得到巨大的改善。

2. 以建筑材料的发展为龙头的综合性

土木工程是运用多种工程技术，进行勘测、设计、施工工作的成果。

而对土木工程的发展起关键作用的，首先是作为工程物质基础的土木建筑材料，其次是随之发展起来的设计理论和施工技术。每当出现新的优良的建筑材料时，土木工程就会有飞跃式的发展。

人们在早期只能依靠泥土、木料及其他天然材料从事营造活动，后来出现了砖和瓦这些人工建筑材料，使人类第一次冲破了天然建筑材料的束缚。中国在公元前11世纪的西周初期制造出瓦。最早的砖出现在公元前5世纪至公元前3世纪战国时的墓室中。砖和瓦具有比土更优越的力学性能，可以就地取材，而又易于加工制作。

砖和瓦的出现使人们开始广泛地、大量地修建房屋和城防工程等。由此土木工程技术得到了飞速的发展。直至18~19世纪，在长达两千多年时间里，砖和瓦一直是土木工程的重要建筑材料，为人类文明作出了伟大的贡献，甚至在目前还被广泛采用。

钢材的大量应用是土木工程的第二次飞跃。17世纪70年代开始使用生铁、19世纪初开始使用熟铁建造桥梁和房屋，这是钢结构出现的前奏。

从19世纪中叶开始，冶金业冶炼并轧制出抗拉和抗压强度都很高、延性好、质量均匀的建筑钢材，随后又生产出高强度钢丝、钢索。于是适应发展需要的钢结构得到了蓬勃发展。除应用原有的梁、拱结构外，新兴的桁架、框架、网架结构、悬索结构逐渐推广，出现了结构形式百花争艳的局面。

建筑物跨径从砖结构、石结构、木结构的几米、几十米发展到钢结构的百米、几百米，直到现代的千米以上。于是在大江、海峡上架起大桥，在地面上建造起摩天大楼和高耸铁塔，甚至在地面下铺设铁路，创造出前所未有的奇迹。

19世纪20年代，波特兰水泥制成后，混凝土问世了。混凝土骨料可以就地取材，混凝土构件易于成型，但混凝土的抗拉强度很小，用途受到限制。19世纪中叶以后，钢铁产量激增，随之出现了钢筋混凝土这种新型的复合建筑材料，其中钢筋承担拉力，混凝土承担压力，发挥了各自的优点。20世纪初以来，钢筋混凝土广泛应用于土木工程的各个领域。

从20世纪30年代开始，出现了预应力混凝土。预应力混凝土结构的抗裂性能、刚度和承载能力，大大高于钢筋混凝土结构，因而用途更为广阔。土木工程进入了钢筋混凝土和预应力混凝土占统治地位的历史时期。混凝土的出现给建筑物带来了新的经济、美观的工程结构形式，使土木工程产生了新的施工技术和工程结构设计理论。这是土木工程的又一次飞跃发展。

3.实践性

由于影响土木工程的因素错综复杂，使土木工程对实践的依赖性很强。土木工程是具有很强实践性的学科。在早期，土木工程是通过工程实践，总结成功的经验，尤其是吸取失败的教训发展起来的。从17世纪开始，以伽利略和牛顿为先导的近代力学同土木工程实践结合起来，逐渐形成材料力学、结构力学、流体力学、岩体力学，作为土木工程的基础理论的学科。这样土木工程才逐渐从经验发展成为科学。

4.技术、经济和艺术的统一性

土木工程是为人类需要服务的，它必然是每个历史时期技术、经济、艺术统一的见证。

土木工程美学是土木工程中一个重要的问题。在几千年的工程实践中，人类创造了许许多多、具有形式美与内容美统一的土木工程作品，如古埃及金字塔、中国古代的宫殿和庙宇、中世纪欧洲的教堂和城堡、古今中外的许许多多的桥梁，还有现代很多设计独特的建筑等。这些土木工程充分表现了和谐与秩序、多样和统一、刚健雄伟、比例、对称、韵律等美的法则，它们已成为人类艺术园地中绚丽的奇葩。而与一般艺术作品不同的是：这些具有强烈艺术特征的土木工程既是精神产品又是物质产品，既具有艺术性，又具有实用性和工程性。一个伟大的土木工程建筑应当达到艺术性、实用性和工程性的完美结合。

二、土木工程的特点

1.是个性和共性的有机统一

土木工程虽然涉及国民经济的多个领域，显示出其个性差异，但其共性显而易见。因此国内外的高等学校在土木工程的人才培养方面更加注重其共性。

2.可描述性和可统计性很差

工程项目多为单体生产，可统计性差。如工程现场实测数据的代表性与测量的位置和手段相关，难以满足传统的统计方法所要求的条件，所以信息不完整。

3.影响的因素众多

结构、美观、环境、社会文化、心理等都会对工程的特点产生影响。如：

（1）高速公路对周围农田的影响；

（2）如忽略桥梁的易损性，则可能在维修加固时造成交通阻塞，损失大于新建一座大桥；

（3）三峡工程的移民问题等。

4.复杂性和不确定性

很多问题是非线性问题，变量之间关系十分复杂。如地震、台风等自然因素的影响则表现出模糊性和随机性。

5.是系统工程而非孤立的事物

土木工程的设计、施工、使用、维修是一个系统；大型系统的施工也是一个系统；所以用计算机和信息技术进行管理日益重要。

6.综合性

建造一项工程设施一般要经过勘察、设计和施工三个阶段，需要运用工程地质勘察、水文地质勘察、工程测量、土力学、工程力学、工程设计、建筑材料、建筑设备、工程机械、建筑经济等学科和施工技术、施工组织等领域的知识，以及电子计算机和力学测试等技术。因而土木工程是一门范围广阔的综合性学科。随着科学技术的进步和工程实践的发展，土木工程这个学科也已发展成为内涵广泛、门类众多、结构复杂的综合体系。

三、建造师的专业技术要求

1.建造师应该具有较好的技术和理论基础，尤其要掌握土木工程的共性

近年来，高等学校土木专业本科毕业生的知识构成为建造师的知识打下了良好的基础。

进入20世纪90年代后，我国土木工程类专业过窄的专业口径及人才培养模式，与经济的飞速发展和对外开放不相适应的问题突显出来。为了改变这种状况，20世纪90年代中期教育部开始对土木工程专业人才培养目标、培养模式进行研究，1996年向全国高校土木工程系主任会议提出了关于拓宽土木工程专业口径的研究报告，之后提出了宽口径土木工程专业的培养目标、培养模式和培养计划，供高等学校土木工程专业教学指导委员会参考。1998年教育部颁布了新的专业目录，土木工程专业是一个涵盖

建筑工程、交通土建工程、城镇建设、矿井、隧道等专业领域的宽口径专业。针对如何实现土木工程专业的宽口径，如何培养素质高、能力强的土木工程专业人才，教育部立项了土木工程专业人才培养目标、培养模式、教学计划、课程设置、课程内容及教材建设、考试方式、毕业设计、学生综合能力训练等5个课题进行系列研究和实践。毕业生应获得以下几方面的知识和能力：

（1）具有较扎实的自然科学基础，较好的人文社会科学基础和外语语言综合能力；

（2）掌握工程力学、流体力学、岩土力学、工程地质学和工程制图的基本理论与基本知识；

（3）掌握建筑材料、结构计算、构件设计、地基处理、给水排水工程和计算机应用方面的基本知识、原理、方法与技能，初步具有从事土建结构工程的设计与研究工作的能力；

（4）掌握建筑机械、电工学、工程测量、施工技术与施工组织、工程监测、工程概预算以及工程招标等方面的基本知识、基本技能，初步具有从事工程施工、管理和研究工作的能力；

（5）熟悉各类土木工程的建设方针、政策和法规；

（6）了解土木工程各主干学科的理论前沿和发展动态；

（7）掌握文献检索和资料查询的基本方法，具有一定的科学研究和实际工作能力。

由此可见，现在的土木专业毕业生更加注重基础知识的训练，可以适应土木专业各个方向的实际工作。这是符合现代潮流的。

2.建造师应该具有较强的实践能力

在土木工程的发展过程中，工程实践经验常先行于理论，工程事故常显示出未能预见的新因素，触发新理论的研究和发展。至今不少工程问题的处理，在很大程度上仍然依靠实践经验。

土木工程技术的发展之所以主要凭借工程实践而不是凭借科学试验和理论研究，有两个原因：一是有些客观情况过于复杂，难以如实地进行室内实验或现场测试和理论分析。例如，地基基础、隧道及地下工程的受力和变形的状态及其随时间的变化，至今还需要参考工程经验进行分析判断。二是只有进

行新的工程实践,才能揭示新的问题。例如,建造了高层建筑、高耸塔桅和大跨桥梁等,工程的抗风和抗震问题突出了,才能发展出这方面的新理论和技术。

在土木工程的长期实践中,人们不仅对房屋建筑艺术给予很大注意,取得了卓越的成就;而且对其他工程设施,也通过选用不同的建筑材料,例如采用石料、钢材和钢筋混凝土,配合自然环境建造了许多在艺术上十分优美、功能上又十分良好的工程。古代中国的万里长城、现代世界上的许多电视塔和斜张桥,都是这方面的例子。所有这些,都离不开实践。

3. 建造师应该及时通过继续教育了解新材料、新技术、新工艺和新方法

现代土木工程的特点是:适应各类工程建设高速发展的要求,人们需要建造大规模、大跨度、高耸、轻型、大型、精密、设备现代化的建筑物。既要求高质量和快速施工,又要求高经济效益。这就向土木工程提出新的课题,并推动土木工程这门学科前进。高强轻质的新材料不断出现。比钢轻的铝合金、镁合金和玻璃纤维增强塑料(玻璃钢)已开始应用。钢材和混凝土的强度和耐久性的提高,已取得显著成果,而且仍持续进展。建设地区的工程地质和地基的构造,及其在天然状态下的应力情况和力学性能,不仅直接决定基础的设计和施工,还常常关系到工程设施的选址、结构体系和建筑材料的选择,对于地下工程影响就更大了。工程地质和地基的勘察技术,目前仍然主要是现场钻探取样,室内分析试验,这是有一定局限性的为适应现代化大型建筑的需要,急待利用现代科学技术来创造新的勘察方法。以往的总体规划常是凭借工程经验提出若干方案,从中选优。由于土木工程设施的规模日益扩大,现在已有必要、也有可能运用系统工程的理论和方法以提高规划水平。特大的土木工程,例如高大水坝会引起自然环境的改变,影响生态平衡和农业生产等,这类工程的社会效应是有利也有弊的。在规划中,对于趋利避害要作全面的考虑。随着土木工程规模的扩大和由此产生的施工工具、设备、机械向多种、自动化、大型化发展,施工日益走向机械化和自动化。同时组织管理开始应用系统工程的理论和方法,日益走向科学化;有些工程设施的建设继续趋向结构和构件标准化和生产工业化。这样,不仅可以降低造价、缩短工期、提高劳动生产率,而且可以解决特殊条件下的施工作业问题,以建造过去难以施工的工程。

4. 掌握信息化施工技术

建筑业应用计算机是从人力无法做出复杂、庞大的工程结构计算分析开始的,直到20世纪80年代才逐步扩展到区域规划、建筑CAD设计、工程造价计算、钢筋计算、物资台账管理、工程计划网络制定等经营管理方面,20世纪90年代又扩展到工程量计算、大体积混凝土养护、深基坑支护、建筑物垂直度测量、施工现场的CAD等。我们把解决工程上某个具体问题的应用叫计算机的单项应用。自从信息高速公路INTERNET技术出现。人们的目光开始转向利用计算机作信息服务,更关注整个施工过程中所发生的瞬即消失的信息综合利用,我们把这种高层次的计算机应用统称为信息化施工技术。我国建筑业已经把信息化施工确定为2010年的发展目标。

在市场经济瞬息万变的环境中,业主、工程设计、工程承包方、金融机构、工程监理及物业管理者等几方面的人,所关心的不仅是诸如造价等单个技术问题的解决,还更加关心工程建设本身和社会上所发生的各种关系更大利益的动态信息,随时决定何种对策,以保护本身的权益。如业主和金融机构关心投资风险,预期投资回报率大小、政府的政策法规走向变化、涉及的新技术、新材料应用的可能性等;工程承包方除要解决各种施工技术问题外,还关心施工的进度、质量、安全、奖金应用情况、环保状况、财务及成本情况、中央和地方政府的各种规章制度、材料设备供应情况及质量保证、设计变更等。

以上这些应用科目远非单项软件所能解决,必须应用信息网络技术,现代信息技术能把上述内容有机地、有序地联系起来,供决策经营者利用。只有这样,才能使领导及时准确地掌握各类资源信息,进行快速正确的决策,使施工项目建设有计划、协调均衡,做到人力、物力、资金优化组合;才能保证建筑产品的质量,保证施工进度,取得较好的经济与社会效益。建筑信息化技术是我国建筑施工与国际接轨的一个重要手段;对作为国民经济的支柱产业之一的建筑业实现现代化起着十分重要的作用。

日本建设业法与技术考试制度概要

◆ 秦中伏 编译

(浙江大学,杭州 310028)

一、施工现场的技术人员(法第26条)

(1)主任技术者、监理技术者的设置(建设工程技术上的管理者)

①监理技术者:对于从招标方直接承包的建设工程,签订的分包合同价在3000万日元(或建筑工程总承包4500万日元)以上时,需要设置。

指定建设工程:一级国家资格者、大臣认定者。

非指定建设工程:一级国家资格者、大臣认定者、指导监督的实务经验(4500万日元)拥有者。

②主任技术者:建设单位均有设置的义务。二级国家资格者、实务经验拥有者。

(2)技术人员的专派(法第26条第3项)

有公众利益性质的重要工程 (几乎涵盖私人住宅以外的所有工程)。

承包额2500万日元 (或建筑工程总承包5000万日元)以上。

(3)监理技术者资格证、监理技术者培训(法第26条第4项、第5项)

对于公共项目中必须专门派遣监理技术者的工程,必须在有监理技术者资格证的人员且接受过国土交通大臣认定的培训的人员中选派。

二、技术考试制度(法第27条)

(1)目的及种类

为了提高建设项目的施工技术,以从事建设工程的人员为对象,按土木施工管理、建筑施工管理、管道工程施工管理、园艺施工管理、电气工程施工管理、建设机械施工管理等6个类别,分1级和2级进行技术考试。此外,2级的技术考试,根据类别的不同,再对各类别进行细分。

(2)指定考试机构制度

自1989年开始导入指定考试机构制度,由建设大臣指定的考试机构实施技术考试。

(3)技术考试合格者的待遇

虽然技术考试不能形成"不允许考试不合格者从事特定工作"的就业限制,但考试合格者作为被公认为具有一定水准的施工技术的人员,在建设业法中采取了以下的优惠措施。

根据考试的种类以及级别,可成为项目部的专职技术者、施工现场的主任技术者或监理技术者。

在营业事项审查中,1级获得者得5分,2级获得者得2分(表1)。

(4)技术考试制度的内容(表2)

①国土交通大臣为了提高施工技术,对于从事

考试种类及相关内容　　　　　　　　　　　　　　　　　表1

考试类别	开始年份	级别	考试实施机构
建设机械施工管理	1962年	1级	(社)日本建设机械化协会
建设机械施工管理	1960年	2级	(社)日本建设机械化协会
土木施工管理	1969年	1级	(财)全国建设研修中心
土木施工管理	1970年	2级	(财)全国建设研修中心
管道工程施工管理	1973年	1级	(财)全国建设研修中心
管道工程施工管理	1972年	2级	(财)全国建设研修中心
园林施工管理	1975年	1级	(财)全国建设研修中心
园林施工管理	1975年	2级	(财)全国建设研修中心
建筑施工管理	1984年	1级	(财)建设业振兴基金
建筑施工管理	1983年	2级	(财)建设业振兴基金
电气工程施工管理	1988年	1级	(财)建设业振兴基金
电气工程施工管理	1988年	2级	(财)建设业振兴基金

技术考试的概要(参见令第27条之3)　　　　　　　　　　　　　　表2

考试科目	考试技术	指定考试机构(考试实施机构)	国土交通省担当科
建设机械施工管理	建设项目实施过程中,能够正确操作建设机械,统筹、高效地利用建设机械所需要的技术	(社)日本建设机械化协会	综合政策局 建设施工计划科
土木施工管理	土木工程总承包项目的实施过程中,能够编制施工组织计划,并对该项目的工程管理、质量管理、安全管理等方面进行施工管理所需要的技术	(财)全国建设研修中心	大臣官房 技术调查科
建筑施工管理	建筑工程总承包项目的实施过程中,能够编制施工组织计划,绘制施工图,并对该项目的工程管理、质量管理、安全管理等方面进行施工管理所需要的技术	(财)建设业振兴基金	大臣官房 官厅营缮部 整备科
电气工程施工管理	电气工程项目的实施过程中,能够编制施工组织计划,绘制施工图,并对该项目的工程管理、质量管理、安全管理等方面进行施工管理所需要的技术	(财)建设业振兴基金	大臣官房 官厅营缮部 设备、环境科
管道工程施工管理	管道工程项目的实施过程中,能够编制施工组织计划,绘制施工图,并对该项目的工程管理、质量管理、安全管理等方面进行施工管理所需要的技术	(财)全国建设研修中心	大臣官房 官厅营缮部 设备、环境科
园艺施工管理	园艺工程项目的实施过程中,能够编制施工组织计划,绘制施工图,并对该项目的工程管理、质量管理、安全管理等方面进行施工管理所需要的技术	(财)全国建设研修中心	都市、地域整备局 公园绿地科

或准备从事施工建设项目者,根据政策法令的规定,可以进行技术考试(法第27条第1项)。

②考试科目共6种(建设机械施工管理、土木施工管理、建筑施工管理、电气工程施工管理、管道工程施工管理、园艺施工管理),各有1级和2级的区分。

③考试分学科考试和实地考试进行(法第27条第2项)。

④考试资格如下所示(法第27条之5)。

〈1级〉

＊大学的土木工程专业毕业后,有3年以上实务的经验,其中指导监督的实务经验1年以上。

＊短期大学(中专),高等专科学校的土木专业毕业后,有5年以上实务的经验,其中指导监督的实务经验1年以上。

＊2级技术者合格后,有5年以上实务的经验,其中指导监督的实务经验1年以上,等。

〈2级〉

＊高等专科学校的土木专业毕业后,有3年以上的实务经验。

＊有8年以上实务的经验,等。

⑤考试由国土交通大臣指定的下列机构实施(法第27条之2,规则第17条之16)

(社)日本建设机械化协会:建设机械施工管理。

(财)全国建设研修中心:土木施工管理、管道工程施工管理、园艺施工管理。

(财)建设业振兴基金:建筑施工管理、电气工程施工管理。

⑥合格者可以获取"冠以级别与科目名称的技士"的称号,诸如"1级土木施工管理技士","2级建筑施工管理技士"等(法第27条第5项,令第27条之8)。

⑦此外,可以对每一个建设业的从业许可基准之一的项目部设置专职的技术者,以及对施工现场设置监理技术者或主任技术者(法第7条第2号,第15条第2号,第26条第1项及第2项,相关通知)。

"法":建设业法;
"令":建设业法实施令;
"规则":建设业法实施规则。

三、技术者制度的概要(表3、表4)

(1)工程部中设置的专职技术人员

建设业法技术者制度的概要(1)　　　　　　　　　　　　　表3

获得从业许可的工程		指定建设工程 (土木、建筑、管道、园林、钢结构、铺装、电气)		其他工程(指定建设工程以外的21种工程)	
建设业许可	许可的种类	特定	一般	特定	一般
	工程部所需的技术者的资格条件	1级国家资格者	1级、2级国家资格者、实务经验者	1级国家资格者	1级、2级国家资格者、实务经验者
施工现场技术人员制度	总包工程下的分包金额	3000万日元以上**	不足3000万日元**	3000万日元以上**不可签约	3000万日元以上	不足3000万日元	3000万日元以上**不可签约
	施工现场必须配置的技术者	监理技术者	主任技术者	监理技术者	主任技术者
	技术者的资格条件	1级资格者、国交大臣特别认定者	1级、2级国家资格者、实务经验者	1级资格者、国交大臣特别认定者	1级、2级国家资格者、实务经验者
	施工现场技术者的专任	有公众利益性质的建设工程,承包额2500万日元 (建筑工程总承包5000万日元)以上者有必要			
	资格证的必要性	专职的监理技术者时有必要	无必要	专任的监理技术者时有必要	无必要

注:** 建筑工程总承包4500万日元以上。

建设业法技术者制度的概要(2)　　　　　　　　　　　　　表4

施工现场必须配置的技术者	监理技术者	主任技术者
总包工程下的分包金额	3000万日元以上(建筑工程总承包4500万日元)	不足3000万日元(建筑工程总承包4500万日元)
技术人员的资格条件	*1级国家资格者 ● 1级施工管理技士 ● 1级建筑士 ● 技术士 *实务经验者(指定的7工程除外) ● 满足主任技术者的条件,且具有2年以上的指导监督总承包额在4500万日元以上工程的实务经验 *国土交通大臣特别认定者	*1级国家资格者 ● 1级施工管理技士 ● 1级建筑士 ● 技术士 *2级国家资格者 ● 2级施工管理技士等 *实务经验者 ● 大学毕业后3年以上的实务经验 ● 高中毕业后5年以上的实务经验 ● 10年以上的实务经验
其他条件	与承包方有直接的且长期稳定的雇用关系者	
	对于有公共性利益的重要工程,且承包额在2500万日元以上(建筑工程总承包5000万日元以上)的工程,需要现场专职人员	
监理技术者资格证	专职的监理技术者必须携带 *①	不需要
监理技术者培训	专职的监理技术者有接受指定培训的义务	不需要

注①:2006年12月建设业法修改后,不仅适用于公共项目,民间项目也适用(实施2年以内)。

因该技术人员是为了确保工程项目承包合同的合法缔约以及履行而设置的，需要在项目部全天出勤，故有必要各设专职人员。对工程部和现场的技术人员要求的经验与资格是相同的。

（2）施工现场的技术者

获得建设业从业许可证的建设单位无论承包额的大小，均需设置主任技术者。

签订分包额在3000万日元（建筑4500万日元）以上的合同时，必须设置监理技术者。

管理技术人员与主任技术者在性质上是有所不同的。前者在工程项目的施工过程中，大规模分包时，对分包商给予恰当的指导、监督，以发挥其综合性职能。后者直接地、紧密地参与具体的工程，并给予细致入微的指示。

特别是，指定建设工程的7个工程种类，监理技术者的资格条件限定为1级国家资格者等。该7个工程种类，是在考虑了施工技术的综合性、施工技术的普及状况，以及其他情况的基础上确定的。

获得建设业从业许可进行营业的单位，在项目部与施工现场最少需要设置2名技术者。

监理技术者以及主任技术者的资格条件（此要求与对承包方的专职技术者一样）。

以下以建筑工程总承包为例加以说明：

主任技术者的要求条件是：1级、2级建筑施工管理技士；1级、2级建筑士；与学历相应的实务经验者。

监理技术者的要求条件是：1级建筑施工管理技士或1级建筑士（技术士中没有与建筑相对应的）。

此外，大臣特别认定者（施工管理技士制度创设时的要求是特别认定培训的效果评定合格者），现在已经没有此要求。

此外，专职的监理技术者要求携带管理技术资格证并接受过管理技术者培训（2006年12月之前只适用于公共项目，这次已经扩大到民间项目）。

（3）关于技术者制度（表5）

①施工单位在对所承包的工程进行施工时，必须在该施工现场设置主任技术者（法第26条第1项）。此外，对于从招标方直接承包建设项目的特定的施工单位，为该建设项目的施工而签订的分包合同额在3000万日元以上（建筑工程总承包4500万日元以上）时，该施工现场的主任技术者必须由监理技术者替代（法第26条第2项）。

②主任技术者必须符合法第7条第2号中①、②或③的条件（与一般建设业许可相关的技术者的要求条件）；监理技术者必须符合法第15条第2号中①、②或③的条件（与特定建设业许可相关的技术者的要求条件）（法第26条第1项和第2项）。

③为了施工现场建设项目的妥善进行，主任技术者以及监理技术者必须诚实地履行对该建设项目的施工计划的制作、工程管理、质量管理、其他技术上的管理，以及该项目的施工人员进行技术上的指导监督职责。

④根据政令（令第27条）的规定，对于与公共性事业相关的重要项目，每个施工现场必须设置专职的主任技术者或者监理技术者。

⑤国家、地方的公共团体以及其他政令认定的法人（令第27条之2）为发包方的工程项目，专职的监理技术者必须从已经获取监理技术者资格证的人员中选出（法第26条第4项）。

⑥被选任的监理技术者必须在项目的发包方有所要求时，呈示监理技术者资格证（法第26条第5项）。

⑦监理技术者资格证由拥有监理技术者资格的人员申请，由国土交通大臣颁发（法第27条之18第1项）。此外，国土交通大臣可以指定有关单位办理与资格证的颁发及其有效期限的更新相关的事务（法第27条之19）。目前，该相关事务指定由（财）建设业技术者中心办理（规则第17条之34）。

⑧建立技术者资格证的有效期限为5年，资格证上记载有：姓名、头像、发证年月日、所具有的监理技术者资格、建设业的种类、所属的建设单位等（法第27条之18第2项和第4项，规则第17条之30）。

"法"：建设业法；

"令"：建设业法实施令；

"规则"：建设业法实施规则。

表5

与建设业的从业许可相关的技术者资格

◎:特定(第15条第二号①)资格持有者　　○:一般(第7条第二号③)资格持有者

(注)特定资格持有者同时拥有一般资格

资格区分		建设业的种类→	土	建	抹	架	石	屋	电	管	砖	钢	筋	铺	疏	板	玻	粉	防	内	机	绝	通	园	井	配	水	消	清
建设业法"技术考试"	合格证书	1级建设机械施工管理技士	◎		◎	◎																							
		2级建设机械施工管理技士 第一种~第六种	○			○																							
		1级土木施工管理技士	◎			◎	◎					◎	◎	◎	◎														
		2级土木施工管理技士 类别 土木	○			○	○					○	○	○	○														
		钢结构涂装																											
		药液注入																											
		1级建筑施工管理技士	◎	◎	◎	◎	◎	◎		◎	◎	◎	◎			◎	◎	◎	◎	◎	◎	◎							
		2级建筑施工管理技士 类别 建筑	○	○																									
		主体	○	○		○	○				○	○	○																
		装修	○	○	○			○								○	○	○	○	○		○							
		1级电气工程施工管理技士							◎																				
		2级电气工程施工管理技士							○																				
		1级管道工程施工管理技士								◎											◎				◎		◎	◎	
		2级管道工程施工管理技士								○											○				○		○	○	
		1级园艺施工管理技士	◎	◎			◎					◎												◎					
		2级园艺施工管理技士	○	○			○					○												○					
建筑士法"建筑士考试"	资格证	1级建筑士																											
		2级建筑士																											
		木结构建筑士																											

注1)建设业的种类根据建设业法的规定分为28种。分别为：土=土木工程；建=建筑工程；抹=抹灰工程；架=脚手架、土方、混凝土工程；石=石方工程；屋=屋面工程；电=电气工程；管=管道工程；砖=砌砖、瓷砖、砌块工程；钢=钢筋工程；筋=钢筋工程；铺=铺装工程；疏=疏浚工程；板=板金工程；玻=玻璃工程；粉=粉刷工程；防=防水工程；内=内装工程；机=机械装置安装工程；绝=绝热工程；通=通信工程；园=园林工程；井=深井工程；配=门窗等装配构件工程；水=给水排水工程；消=消防设施工程；清=清扫工程。

（续表）

与建设业的从业许可相关的技术者资格

资格区分	建设业的种类（部门）：（选择科目）	土	建	木	抹	架	石	屋	电	管	砖	钢筋	铺	板	玻	粉	防	内	机	绝	通	园	井	配	水	清
技术士法"技术士考试"资格证	建设	◎				◎			◎				◎													
	建设：钢结构及混凝土											◎														
	农业：屋面土木	◎				◎																				
	电气：电子								◎																	
	机械																		◎							
	机械：流体机械或冷温室及冷冻机械									◎																
	水道	◎				◎				◎																
	水道：上水及工业用水																						◎		◎	
	林业																									
	林业：森林土木	◎																				◎				
	水产：水产土木									◎											◎					
	卫生学																									
	卫生学：水质管理																									◎
	卫生学：污水处理或废弃物处理																								◎	
	综合技术监理（以下简称"综"）																									
	综：建设部门电子相关科目	◎							◎				◎													
	综：电气电子部门相关科目								◎	◎								◎								
	综：水道或卫生部门相关科目																				◎					
	综：机械部门相关科目																				◎					
	综：给排水部门相关科目	◎								◎				◎												
	综：农林土木	◎				◎																			◎	
	综：林业																									
	综：森林土木	◎																			◎					
	综：水产土木	◎				◎															◎					
	综：流体机械，冷温室及冷冻机械									◎																
	综：钢结构及混凝土											◎											◎			
	综：上水及工业用水																								◎	
	综：废弃物处理																									◎

续表

与建设业的从业许可相关的技术者资格

资格区分		建设业的种类→	土建	建木	抹石	架屋	电	管	砖钢	筋铺	疏玻	板粉	防内	机绝	通园	井配	水消	清
电气工程士法"电气工程士考试"	许可证	(合格后的实务经验)																
		第1类电气工程士					○											
		第2类电气工程士(3年)					○											
电气事业法"电气主任技术者国家考试等"	许可证	第七主任技术者(5年)(1类,2类,3类)					○											
消防法"消防设备士考试"	许可证	甲类消防设置士						○										○
		乙类消防设置士						○										○
水道法"给水装置工程主任技术者考试"	许可证	给水装置工程主任技术者(1年)						○										
建筑士法	合格证	建筑设备士(1年)																
职业能力开发促进法"技能考试"	合格证书	(考试职业种类)(等级为2级的,合格后需要有3年的实务经验)																
		建筑木工		○														
		抹灰工			○													
		架子工,脚手架,模板				○												
		空调设备配管						○										
		给水排水卫生设备配管						○										
		冷冻空调器械施工						○										
		配管:配管工						○										

续表

与建设业的从业许可相关的技术者资格

资格区分	建设业的种类→	土建	木	抹	架	石	屋	电	管	砖	钢筋	铺	疏	板	玻	粉	防	内机	绝	通	园	井	配	水	消	清
职业能力开发促进法"技能考试" 合格证书	贴瓷砖									O																
	筑炉工,砌砖									O																
	砌块建筑					O																				
	石工:石材施工,砌石					O																				
	铁工,制罐						O																			
	钢筋工										O															
	建筑板金,工厂板金						O							O												
	建筑板金,板金工																									
	板金,板金工,水池板金						O							O												
	铺瓦工,石工施工											O														
	玻璃施工														O											
	粉刷:木工粉刷															O										
	建筑涂装															O										
	金属涂装															O										
	喷雾涂装															O										
	路面标识施工																	O								
	榻榻米制作																	O								
	内装修施工																			O						
	热绝缘施工																						O			
	门窗配件制作																				O					
	园艺																							O		
	防水施工																							O		
	深井																									
民间 注册	地面防滑工程士(1年)				O																					
合格证书	1级计装士(1年)							O	O																	

注2) "污物处理"是源于旧的技术土法实施规则(该规则因1982年总理府令第37号而修改)的选择科目。

关于建筑业企业项目经理资质管理制度向建造师执业资格制度过渡有关问题的补充通知

建办市[2007]54号

各省、自治区建设厅，直辖市建委，国务院有关部门建设司，新疆生产建设兵团建设局，总后营房部工程局，中央管理的企业，有关行业协会：

为了确保建筑业企业项目经理资质管理制度向建造师执业资格制度平稳过渡，妥善解决尚未取得建造师执业资格的持有项目经理资质证书人员的实际问题，现将有关问题补充通知如下：

一、按照建设部2003年4月《关于建筑业企业项目经理资质管理制度向建造师执业资格制度过渡有关问题的通知》(建市[2003]86号)的要求，2008年2月27日开始停止使用建筑业企业项目经理资质证书。

二、具有统一颁发的建筑业企业一级项目经理资质证书，且未取得建造师资格证书的人员，符合下述条件之一的，可申请一级建造师临时执业证书：

(一)2007年度担任大型工程施工项目经理的；

(二)2007年度未担任大型工程施工项目经理的，应当同时满足下列条件：

1.年龄不超过55周岁；

2.符合《建造师执业资格考核认定办法》(国人部发[2004]16号)和《关于印发〈一级建造师注册实施办法〉的通知》(建市[2007]101号)中业绩规模、数量和专业要求，年龄、业绩计算时间截止到2007年12月31日。

符合上述(一)、(二)条件的，由申请人通过受聘建筑业企业按照属地化原则向省、自治区、直辖市建设主管部门申报，申报程序按建市[2007]101号文执行。各地审查汇总后于2007年12月31日前报建设部。2008年2月27日前，经建设部审批后，委托各省级建设主管部门向符合条件者颁发一级建造师临时执业证书。证书有效期为5年，于2013年2月27日废止。

三、取得一级建造师临时执业证书的人员，其注册、执业、变更、注销和继续教育等，按照注册建造师制度有关规定执行。

四、取得一级建造师临时执业证书的人员，在持证有效期内通过考试取得建造师资格证书的，应当在3个月内完成专业注册，原一级建造师临时执业证书自动失效，建设部负责收回其临时执业证书和执业印章。

五、二级建造师临时执业证书颁发工作由各省、自治区、直辖市建设主管部门参照本通知精神另行规定，并将名单报建设部备案。

具有建筑业企业一级项目经理资质证书，未取得建造师资格证书且不符合颁发一级建造师临时执业证书条件的，可由省级建设主管部门根据《关于印发〈二级建造师执业资格考核认定指导意见〉的通知》(建市[2004]85号)规定，对符合条件者颁发二级建造师临时执业证书。具有一级项目经理资质证书的人员不能同时获取一、二级建造师临时执业证书。

附件：1、一级建造师临时执业证书申请表.doc
2、一级建造师临时执业证书汇总表.doc

中华人民共和国建设部办公厅
二〇〇七年十一月十九日

政策法规

关于建筑业企业项目经理资质管理制度向建造师执业资格制度过渡有关问题的说明

建市监函[2007]82号

各省、自治区建设厅,直辖市建委,新疆生产建设兵团建设局,国务院各有关部门建设司,总后基建营房部,国资委管理的有关企业,有关行业协会:

为了认真贯彻《关于建筑业企业项目经理资质管理制度向建造师执业资格过渡有关问题补充通知》(建办市[2007]54号)精神,切实做好一级建造师临时执业证书核发工作,现将有关问题说明如下:

一、证书授予范围

一级建造师临时执业证书仅授予建筑业企业中符合条件的一级项目经理资质证书持有人。凡持有统一颁发的一级项目经理资质证书且符合条件的人员均可申报。

一级项目经理资质证书持有人有下列情况之一的,不授予一级建造师临时执业证书:

取得一级建造师资格证书的;

重复注册的;

注销注册的;

考核认定弄虚作假的;

有市场违法违规行为的;

有《注册建造师管理规定》(建设部令153号)规定不予注册情形之一的。

二、申请表和申报材料

申请人在中国建造师网上如实填报《一级建造师临时执业证书申请表》,网上申报成功后,打印自动生成条形码书面申请表。个人必须在申请表上签字,本专业专家评审小组签署意见,不同意授予临时证书的应当说明理由。

省级建设主管部门按照《建造师执业资格考核认定办法》(国人厅发[2004]16号)和《建造师执业资格考核认定实施细则》(建市函[2004]56号)规定,负责组织对申请人相关材料原件进行审查,经审查通过后由省级建设主管部门汇总,报建设部建筑市场管理司。申请建筑工程、机电工程、市政工程、矿业工程的,报送申请表一式二份,汇总表一式二份;申请铁路、公路、民航、港口与航道、水利水电、通信与广电专业的,报送申请表一式三份和汇总表一式三份。

三、申报要求

申报人应当根据自身工程业绩情况,选择一个专业进行申请。防水、防腐、消防、建筑智能化等专业企业的人员可申请相近专业一级建造师临时执业证书。

四、审查要求

各省级建设主管部门负责组织专家对申报材料进行严格审查,提出审查意见。审查重点为申报工程业绩和项目经理资质证书有效性、真实性及其在岗情况,专家对签署的审查意见负责,专家意见作为授予申请人一级建造师临时执业证书的基本依据。

五、一级建造师临时执业证书使用

这次申报与注册工作同步进行,一级建造师

临时执业证书与一级建造师注册证书等同使用。可以作为企业招标投标、资质评审和个人资格管理的依据。

六、二级建造师申请临时证书规定

授予一级建造师临时执业证书人员中，凡通过考核认定和考试取得二级建造师资格证书的，暂不予以二级建造师注册。

七、一级项目经理资质证书有效性问题

一级项目经理资质证书必须经过文件批准，凡批文中列明但一级项目经理数据库中未列入人员，可以申请临时执业证书，但需申请人补充个人相关资料，并由省级建设主管部门出具证明。

八、现岗位和业绩确认

能够证明工程专业、工程规模、开竣工日期(计划日期)的合同，项目经理任职文件，截止时间到2007年12月31日。

九、年龄计算问题

现工程项目经理岗位任职年龄不超过65周岁；现非工程项目经理岗位任职年龄不超过55周岁，计算截止时间为2007年12月31日。

十、审批管理体制

一级建造师临时执业证书申请由省级建设主管部门负责初审，报建设部审批；涉及到铁路、公路、民航、港口与航道、水利水电、通信与广电专业的，由国务院有关部门审核，建设部审批。二级建造师临时执业证书申请由省级建设主管部门会同有关专业部门审批。

十一、铁路等专业归并

铁路、通信、港口、民航四个专业无二级建造师序列，但有二级项目经理资质证书，这批二级项目经理资质证书的转化由国务院建设主管部门商国务院有关部门另行规定。

十二、延长申报时间

申报截止时间延长至2008年1月31日。

十三、公示公告与举报处理

申请一级建造师临时执业证书由省级建设主管部门初审同意后，建设部不再组织专家评审，建设部负责查重后向社会公示10日，接受社会各方面举报，举报查实的按照16号文件规定处理。建设部负责对符合条件者向社会公告。

十四、证书发放

建设部统一颁发一级建造师临时执业证书，证书有效期3年，在有效期内达到继续教育要求的，可续期使用2年。二级建造师临时执业证书由建设部统一式样，各省级建设主管部门统一颁发。

关于新设立建筑业企业注册建造师认定的函

建市监函[2007]86号

各省、自治区建设厅，直辖市建委，新疆生产建设兵团建设局，国务院各有关部门建设司，总后基建营房部：

根据《注册建造师管理规定》(建设部令第153号)和《一级建造师注册实施办法》(建市[2007]101号)规定，建造师必须注册在一个具有工程勘察、设计、施工、监理、招标代理、造价咨询等资质的企业。经研究，现将新设立建筑业企业的注册建造师认定问题函告如下：

新设立的建筑业企业办理工商营业执照后，建造师可注册到新设立企业，省级建设主管部门初审同意后出具证明，作为建筑业企业资质评审依据。企业资质批准后，办理建造师注册手续。企业凭建造师注册证书领取企业资质证书。

新设立工程勘察、设计、监理、招标代理、造价咨询等企业的注册建造师认定参照执行。

建设部建筑市场管理司
二〇〇七年十二月十日

政策法规

大力推进工程项目管理 促进工程建设事业科学发展

建设部黄卫副部长在全国建设工程项目管理工作座谈会上的讲话

在全国上下满怀激情学习贯彻党的十七大精神之际,我们来共同研讨工程项目管理改革和发展,这项工作具有十分重要的意义。今天会议的主题是,贯彻落实十七大精神,总结交流推进工程项目管理工作发展,促进政府投资工程建设组织实施方式改革方面的经验,分析当前面临的形势和存在的问题,研究今后一个时期工程项目管理工作的基本思路和政策措施。下面,我就进一步做好项目管理工作讲两点意见,供同志们讨论。

一、充分认识新时期加快发展工程项目管理的重要性和紧迫性

改革开放以来,随着我国建筑业和投资、建设管理体制改革的不断深化,工程建设领域通过学习、借鉴国外先进项目管理经验,积极开展国际通行的专业化项目管理和工程总承包试点,大力推广"鲁布革"工程管理经验,逐步探索、建立了一套适合中国国情的基本建设管理制度,工程项目管理工作成效显著。一是政府投资工程建设组织实施方式改革取得了重大进展。上海、重庆、深圳等地根据本地的实际情况,积极探索,通过选择专业化的项目管理公司,组建城市建设发展有限公司,设立建筑工务署等多种形式,将项目管理与政府投资工程建设组织实施方式改革结合起来,有效地解决了以往政府投资工程建设管理中普遍存在超概算、超标准、超规模的"三超"问题,取得了较好的经济效益和社会效益,促进了资源节约型和环境友好型社会建设。二是工程建设企业的核心竞争力大幅提升。工程设计、施工、监理企业通过学习应用国际先进工程项目管理方法,改革创新生产经营组织方式,积极拓展工程项目管理和工程总承包业务,实现了跨越式发展,企业的核心竞争力大大提高。2006年,全国工程勘察设计单位营业收入中,工程总承包和项目管理收入占到52.0%,中国石化工程建设公司等31家设计企业完成工程总承包合同额均在10亿元以上;全国建筑业企业完成建筑业总产值40975亿元,比上年增长17.9%,中铁建、中铁工、中建总公司等三家企业进入了世界500强;全国工程监理企业的营业收入376.54亿元,其中项目管理与咨询服务收入达33.98亿元,有11家监理企业项目管理营业收入超过5000万元。三是具有中国特色的工程项目管理框架体系建立形成。通过多年的学习借鉴和创新实践,建设部先后制定了《建设工程项目管理规范》、《建设项目工程总承包管理规范》和《建设工程监理规范》,北

京、天津、河北、湖北、湖南、云南等地也相继出台了关于工程项目管理的施行办法。这些制度办法奠定了工程项目管理科学化、规范化的基础，逐步形成了具有中国特色的工程项目管理框架体系。工程项目管理的快速推进，进一步提高了工程质量水平，推动了工程建设管理体制创新，促进了建筑业生产力的发展。可以说，做好工程项目管理，就是在科学发展、率先发展建筑业，就是实实在在地贯彻落实科学发展观。

现在，我国经济社会面临新的发展形势。胡锦涛总书记在十七大报告中强调要求："深刻把握我国发展面临的新课题新矛盾，更加自觉地走科学发展道路"。作为国民经济重要支柱产业的建筑业，正处于产业结构调整和发展方式转变的关键时期。在新的历史起点上，加快工程项目管理工作的改革与发展，显得更加重要和紧迫。

首先，加快发展工程项目管理服务是建设资源节约型、环境友好型社会的要求。当前，我国正处于全面建设小康社会和工业化、信息化、城镇化、市场化、国际化加速发展时期。在保持经济增长的同时，要确保实现节能减排、环境保护等方面的各项指标，工程建设领域责任重大。工程项目管理是为工程建设服务的，贯穿于工程建设全过程。我们只有坚持科学发展观，充分发挥全过程项目管理的优势，由专业化的项目管理企业对每一个项目进行有效管理，运用科学先进的项目管理理念、技术、知识和方法，优化建设方案、工程设计并组织实施，才能做到综合利用资源，节省投资，达到节能、节地、节水、节材和环境优、质量高、效益好的要求，从根本上改变高能耗、高排放、高污染的状况，为建设资源节约型和环境友好型社会做出贡献。

第二，加快发展工程项目管理服务是切实转变经济发展方式的要求。对工程项目实施专业化、科学化、社会化的管理，对全面提高我国工程建设项目的经济效益和社会效益具有十分重要的意义。《国务院关于投资体制改革的决定》一方面确立了企业在投资活动中的主体地位；另一方面强调要加强政府投资项目管理，改进建设实施方式，选择专业化的项目管理单位负责建设实施，严格控制项目投资、质量和工期，竣工验收后移交给使用单位。这为开展工程项目管理服务的企业提出了更新更高的要求，工程项目管理企业要从自身实际情况出发，转变观念，苦练内功，切实提高工程项目管理水平，适应我国投资体制改革的需要。

第三，加快发展工程项目管理是促进我国工程建设管理体制创新的要求。工程建设企业在推动经济建设快速健康发展中具有非常重要的作用。但还应该看到，当前我国工程项目管理发展总体滞后的状况没有改变，与工程建设的可持续发展的要求还不适应。一是工程项目管理市场发育不完善，社会对专业化项目管理的需求还不普遍；二是工程项目管理的专业化、标准化、信息化、集成化水平较低；三是工程项目管理的队伍素质有待提高，特别是高级项目管理人才缺乏，不能适应项目管理发展的需要；四是与国际先进企业相比，我国工程建设企业的项目管理整体水平有待进一步提高。此外，我国工程建设企业还存在着自主创新能力弱、科技贡献率低、结构不合理、增长方式单一、项目管理方法和技术落后、项目管理人才缺乏等问题。因此，只有加快推广应用现代工程项目管理方法和技术，才能有效地提高工程项目管理水平，保证工程质量和投资效益，才能使工程建设企业从低端向高端发展，从根本上提升工程建设企业的市场竞争力，加快结构调整，推进工程建设事业又好又快发展。

第四，加快发展工程项目管理是实施"走出去"发展战略的要求。近年来，我国工程建设企业努力拓展国际市场，对外承包营业总额、市场地域范围、涉足专业领域不断扩大，但我们应清醒地认识到国际化竞争带来的挑战。目前，我国在国际承包市场中所占份额仅为2.1%，而且多为劳务承包或土建工程承包，业务结构比较单一，项目总体科技含量和技术管理水平还有待提高。应该看到，只有加快推进现代工程项目管理，才能切实提高工程建设企业的综合管理能力，才能加快培育一批拥有自主知识产权和知名品牌、具有较强国际竞争力的工程公司和咨询公司，才能有效地转变对外承包方式，逐步扩大对外技术、管理承包的规模，才能适应实施"走出去"发展战略的要求。

政策法规

总之,在新的形势下,我们要从全局和战略的高度,充分认识工程项目管理改革与发展的重要意义,积极推行专业化、社会化的工程项目管理服务和科学、先进的工程项目管理技术和方法,努力提升我国建设工程管理水平,加快建筑业实现科学发展、率先发展。

二、明确目标,狠抓落实,加快推进工程项目管理工作发展

今后一段时期工程项目管理工作总的指导思想是:认真贯彻十七大精神,以邓小平理论和"三个代表"重要思想为指导,按照深入贯彻落实科学发展观和促进社会和谐的要求,通过普及和推广现代项目管理理论和方法,提高工程项目集成化管理水平,推进专业化、社会化项目管理服务,转变工程建设企业的经济增长方式,增强企业的整体实力和国际竞争力,适应"走出去"的战略需要,促进工程建设事业的和谐发展。为此,我们必须转变观念,统一认识,全力推进工程项目管理工作发展,重点抓好以下六个方面的工作:

1.进一步完善相关法规和政策,加快培育和规范工程项目管理市场

为了推进工程项目管理的发展,解决工程项目管理的市场准入问题,在今年新修订出台的《建设工程勘察设计资质管理规定》、《建筑业企业资质管理规定》和《工程监理企业资质管理规定》中,已经增加了有关鼓励各类工程建设企业开展工程项目管理业务的内容。下一步,建设部将会同有关部门,加大法规建设的力度,研究制定相关政策。我们准备在《建筑法》修改时,增加工程项目管理和工程总承包的相应条款,明确其法律地位;修订完善《建设工程项目管理办法》;抓紧制订出台《建设工程项目管理服务合同(示范文本)》和《工程总承包合同(示范文本)》,组织研究工程项目管理和工程总承包的招标投标管理办法,进一步规范工程项目管理和工程总承包市场行为。

各地建设主管部门和有关部门要从实际出发推进工程项目管理工作,重点是做好相关配套政策措施的出台工作,加强对工程项目管理工作的指导,对那些综合实力强、社会信誉好的工程项目管理企业,大力宣传,提高政府投资和社会投资项目业主对工程项目管理的认识,引导其选择专业化的项目管理企业开展工程项目管理服务,因地制宜培育和规范工程项目管理市场。

2.大力推行工程项目管理,促进政府投资工程建设组织实施方式改革

当前,我国投资体制改革和政府投资工程建设组织实施方式改革在不断深化,这为加快工程项目管理发展创造了有利条件,各地建设主管部门和有关部门要认真贯彻落实《国务院关于投资体制改革的决定》,加强对政府投资工程建设过程的监管,鼓励和组织综合实力强、市场信誉好、具有项目管理能力的工程建设企业参与政府投资工程建设的组织实施,合理控制投资,保障工程质量和投资效益,逐步建立适合本地区、本行业实际的政府投资工程建设组织实施模式。同时,各地、各部门要引导一批有条件的工程建设企业在做好主营业务的基础上,进一步转变经营理念,强化服务意识,提高服务质量,健全服务功能,拓展服务范围,为政府投资工程提供专业化的项目管理服务。

3.积极推行现代项目管理技术和方法,提高企业核心竞争力

推行科学、先进的工程项目管理技术和方法,是提高企业项目管理水平的重要手段,也是提高企业核心竞争力的有效途径。为了促进工程建设企业的科技进步,我部在修订的施工总承包企业特级资质标准和工程设计综合资质标准中,突出了对企业科技进步和自主创新能力的考核,我们想通过资质标准的引导,使企业重视科技进步,重视管理水平和人员素质的提高,不断提升企业核心竞争力。作为实施工程项目管理的主体,工程建设企业一定要健全项目管理体系,编制符合企业实际、具有先进性和可操作性的《项目管理手册》和相应的程序文件、作业文件,逐步实现项目管理的程序化、标准化和规范化;要不断完善项目管理基础数据库,通过"做实基础工作,强化项目管理",逐步提高项目管理的科学化水平;要切实重视信息化建设,建立计算机网络平台和项目管理信息系统并确实应用到项目管理实践中,

用先进的信息管理手段实现科学、高效的项目管理；要重视加强项目的风险管理。大型工程建设企业要积极开发应用先进的、集成化的项目管理系统软件，提高项目管理的效率和水平。通过技术创新和管理创新，全面提升企业的工程项目管理水平和核心竞争力。

4.加强指导，因地制宜地推进工程项目管理发展

各地建设主管部门要从实际出发，加强对企业开展项目管理工作的指导，要引导工程建设企业根据自身特点发挥自身优势，开展工程项目管理，适应市场需求。如工程设计企业要发挥自己的技术、人才密集优势，通过开展工程项目管理和工程总承包，加快创建一大批以项目管理为中心，具有设计、采购、施工总承包能力的国际型工程公司或咨询设计公司，为固定资产投资活动提供全过程的技术和咨询服务。施工企业要发挥专业技术、施工管理优势，推动技术和管理创新，运用现代化项目管理方法和手段，通过标准化、精细化管理，不断提高企业竞争力，有条件的大型施工企业，要开发和应用具有自主知识产权的专业技术，努力开拓国际工程承包市场。工程监理企业要发挥智力密集优势，适应市场需求，注重人才培养，拓展服务功能。鼓励综合管理能力强、人才结构合理的工程监理企业，在提高工程监理水平的基础上，积极为工程建设提供全过程、专业化的工程项目管理服务。

5.努力开拓国际工程承包市场，转变对外承包增长方式

当前，国际工程承包市场需求旺盛，对外工程承包要为我国转移富裕产能和优化资源配置发挥更大的作用。我们既要继续扩大我国对外承包的市场份额，更要注重转变对外承包增长方式，更多地依靠技术和管理承包走向国际市场。国际工程咨询服务是国际工程承包的高端市场，多年来一直是发达国家工程咨询企业的活动舞台，也是制约我国对外工程承包进一步发展的瓶颈，我们只有努力提高企业的技术和项目管理水平，才能开拓国际工程咨询服务市场。各地建设行政主管部门要积极与有关部门进行协调，加大对工程建设企业技术创新、管理创新的资金投入，采取切实有效的措施，加快扶持培育一批拥有自主知识产权和知名品牌、项目集成管理能力强，具有较强国际竞争力的大型工程建设企业，积极参与国际高端咨询服务市场竞争，带动我国技术、机电设备及工程材料的出口，提升我国对外承包工程水平。同时，鼓励有条件的工程建设企业根据我国对外投资增长的需要，开展国际市场的调查研究，为我国企业"走出去"和对外投资服好务。

6.充分发挥行业协会、高等院校和大型企业的作用，加快培养项目管理专业人才

在推进工程项目管理工作发展中，行业协会、高等院校和大型企业要充分发挥各自优势。行业协会、高等院校和有条件的大型企业要加强工程项目管理的理论研究，开发先进的工程项目管理软件；要加强国内外项目管理的交流与协作，及时发布国内外工程项目管理的最新动态、科技成果、发展趋势，及时总结、交流和推广成功的项目管理方法和经验；行业协会还要加强自身建设，建立行业自律机制，加快诚信体系的建设，规范会员企业的市场行为，营造良好的工程项目管理环境，并充分发挥联系面广、熟悉行业情况的优势，结合企业需求，有计划、有重点地举办多层次、多形式的项目管理专业知识和技能培训，为企业的人才培训服务。

项目管理专业人才是企业做好工程项目管理工作的关键。工程建设企业要结合自身发展战略，有针对性地进行项目管理人才培养，既要注重造就一批精管理、懂技术、善经营、高素质的项目管理专业人才，还要注重培养项目前期策划、合同管理、风险管理等各方面的项目管理人才，为工程项目管理发展提供有力的人才保障。

同志们，党的十七大对我国今后一段时期社会和经济发展提出了新的要求，做出了新的部署。推进工程项目管理工作发展是促进我国工程建设事业和谐发展的一项重要举措。我们要坚持以邓小平理论和"三个代表"重要思想为指导，深入落实科学发展观，求真务实，努力实践，锐意进取，共同推动我国工程项目管理工作再上新台阶，为促进我国国民经济持续健康发展和全面建设小康社会做出新的贡献！

老山自行车馆新技术应用

◆ 刘志翔，杨 博

（中国新兴建设开发总公司，北京 100039）

一、工程概况

老山自行车馆工程是 2008 年北京奥运会的新建场馆之一，可容纳观众 6000 人，建成后将成为我国首座配备国际标准木质赛道的室内自行车赛馆。该工程位于北京市石景山区老山国家体育总局自行车击剑运动管理中心基地西侧，交通便利，环境宜人，规划用地面积约 6.65hm²，由主赛馆和裙房组成，总建筑面积 33320m²。

在施工过程中我们始终坚持贯彻"绿色奥运、人文奥运、科技奥运"三大理念，结合工程特点，广泛应用了 2005 年建设部颁布的建筑业十项新技术。我们遵循科学的管理程序，进行充分的策划、研讨、论证，严密组织实施、检查、改进和总结，精心组织，认真操作，使采用的新技术具有良好的实用性和可推广性，显著提高了工程施工质量，加快了施工速度，保证了施工安全，节约了能源，锻炼了管理层的技术管理能力及作业层的操作能力，提高了他们的科技创新的意识和能力，取得了良好的社会效益和经济效益。

二、工程特点及施工难点

1.体量、规模大

本工程总建筑面积 33320m²，为满足自行车比赛的建筑功能，单层面积达 17000m²，开间和进深大，柱网布置复杂，异形节点多且设有容纳 6000 坐席的整体现浇混凝土看台。

2.质量标准高

作为 2008 年奥运会的主要比赛场馆之一，要求本工程的施工质量达到我国目前建筑施工的最高水平，充分体现"绿色奥运、人文奥运、科技奥运"三大主题。本工程的质量目标为：

确保"北京市结构长城杯金奖"；

确保"北京市建筑长城杯金奖"；

确保"中国建筑钢结构金奖"；

争创"中国建筑工程鲁班奖"。

3.建筑造型新颖

本工程造型新颖，从空中鸟瞰，像一株盛开的向日葵，建筑平面曲线多，主赛馆拥有 250m 长的"马鞍形"环状赛道，由 3480 多个平面坐标点控制；结构构件异形截面多，弧形墙、梁多。

4.大量采用高效预应力技术，与混凝土结构穿插施工，工艺复杂

主赛馆采用"车辐式"环形无缝钢筋混凝土框架结构，外环轴线直径为 126.4m，周长为 397m。主体框架从内场–赛道–综合区–看台，错落布置（图 1）。

由于看台和综合区混凝土整体连续浇筑，设计未留置永久性伸缩缝，采用了多构件有粘结、无粘结预应力的综合应用技术，超长弧形环梁和环墙给预应力的铺设和张拉带来了困难。

5.巨型钢结构屋盖

本工程巨型钢屋盖投影直径 149.536m，整个屋盖系统是由双层球面焊接球网壳、全封闭相贯线节点

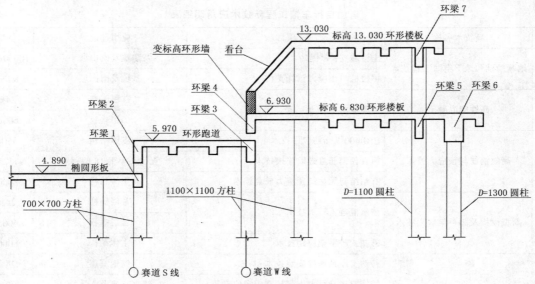

图1 主赛馆立面布置图

环形管桁架、24组向外倾斜15°、高度10.35m的人字柱以及24组球铰可转动铸钢支座组成的组合结构体系。钢网壳跨度133.06m，矢高14.69m，网壳厚度2.8m，环梁周长达418m，整个屋盖系统总重量约2000t，是目前我国最大的钢结构屋盖。这些特点给钢结构施工的进度、质量和安全都带来了很大的难度。

6. 木质赛道安装标准高

本工程是符合国际自行车联盟竞赛标准的现代化自行车赛馆，其木质赛道采用德国专利技术，在国内还属于首次安装，安装标准高，技术难度大。

7. 金属屋面造型独特，功能丰富

主赛馆采用"贝姆"系统金属屋面，屋面造型呈飞碟形，兼具防水、隔热、保温、吸声、采光、通风、排烟等多重功能，需要进行详细的深化设计和严密的施工才能达到设计要求。

8. 建筑智能化高，专业性强

本工程要满足奥运会比赛的使用功能，设计有多种功能房间和多套与专业比赛相匹配的建筑智能化系统，施工标准高，专业性强。

三、创新点介绍

老山自行车馆工程的施工过程同时也是一次实践创新理念的过程，结合本工程实际，我们共应用并总结了33项新技术，如表1所示。

在这34项新技术中，有的是直接推广应用建设部2005年颁布的十项新技术的具体项目，比如粗直径钢筋滚轧直螺纹机械连接、碗扣式脚手架应用技术、SBS防水卷材的应用等，同时也有针对本工程独特的设计特点和施工难点而自主研究开发的新技术，主要包括木质赛道安装技术、"贝姆"系统金属屋面安装技术、大跨度钢网壳外扩拼装与拔杆接力提升结合安装技术、铸钢支座预埋件安装技术、饰面清水混凝土施工技术等，在这些新技术的研究开发过程中全体技术人员发挥聪明才智，勇于向传统做法和习惯做法挑战，克服了无现行施工规范、规程和验收标准的困难，在借鉴国外相关标准和施工经验的基础上进行技术攻关，创造性地提出并实践了新的做法，编制了相关的施工工艺和施工质量验收标准，为今后这些技术在国内的进一步推广使用积累了丰富的资料。这些新技术的成功应用也成为本工程在科技创新方面的特色和亮点。

四、新技术应用效果

老山自行车馆工程作为2008年北京奥运会重要比赛场馆之一，新技术应用多，质量标准高，社会关注程度高，管理人员知识层次高，所有这些因素都为本工程开展"建设部建筑业新技术应用示范工程"活动创造了有利条件。目前，本工程已经临近竣工，

老山自行车馆工程新技术应用明细表

表 1

序号	新技术名称	项目	应用部位	数量
1	地基基础和地下空间工程技术	土钉墙支护	基坑及南山坡	10000m²
		护坡桩与预应力锚杆支护	基坑及南山坡	800m²
2	高性能混凝土	布面清水混凝土	首层圆柱	24根
			二层垂板	600m²
3	高效钢筋与预应力技术	HRB400级钢筋应用技术	主体结构	3500t
		粗直径钢筋直螺纹连接技术	直径不小于18的钢筋	47125个
		有粘结与无粘结预应力成套技术	主体结构	28000m²
4	新型模板及脚手架应用技术	清水混凝土模板技术	首层圆柱	24根
			二层垂板	600m²
		碗扣式脚手架应用技术	主体结构	18000m²
5	钢结构技术	铸钢支座预埋件安装技术	铸钢支座	24套
		铸钢支座与巨型人字柱空中定位安装	铸钢支座及人字柱	各24组
		大跨度钢网壳外扩拼装与拔杆接力提升结合安装技术	屋盖钢网壳	570t
		大直径环梁系统高空原位散拼技术	钢屋盖环梁	764t
6	安装工程应用技术	矿物(氧化镁)电缆的应用	整栋建筑	32000m²
		楼宇自控系统的应用	整栋建筑	32000m²
		赛场灯具应用技术	整栋建筑	32000m²
		金属矩形风管薄钢板法兰连接技术	场馆及裙房	30000m²
		探测器及消防水炮施工技术	主赛馆	25000m²
		低温地板采暖技术的应用	裁判员工作区	32920m²
7	绿色工程技术	陶粒混凝土空心砌块的应用	内外填充墙	8000m³
		玻璃幕墙施工技术	外围护结构	7830m²
		环氧砂浆自流坪地面	室内地面	20000m²
		亚麻地板的应用	二层观众休息厅	14000m²
		透水砖的应用	室外广场	21000m²
		绿色施工技术	整个施工过程中	32000m²
		太阳能热水系统的应用	裙房	5000m²
		大空间空调系统应用技术	场馆及裙房	30000m²
8	建筑防水新技术	SBS防水卷材的应用	人防、消防水池、夹层、裙房屋面	7800m²
9	施工过程监测和控制技术	施工测量技术	整个建筑	
		钢结构安装测量控制	钢结构	
		预应力环梁温度、应力及变形实时监测技术	预应力环梁	
10	建筑企业管理信息化技术	电视监控系统的应用	整个现场	
11	装饰新技术	"贝姆"系统金属屋面安装	屋面	17000m²
		木质赛道安装技术	主赛馆	250m
		乐思龙铝合金条板吊顶	二层观众休息厅	2700m²

既定目标陆续实现,通过本次活动的开展,保证了工程质量,加快了施工进度,降低了工程成本,强化了节能环保理念和科技创新意识,起到了在"创优质工程"的同时,大力进行"科技示范"活动,两者相互促进的良好局面,取得良好的经济效益和社会效益。

1.工程质量优良

本次争创科技示范工程活动极大地促进和提升了工程质量,在争创"北京市结构长城杯金奖"活动中,经北京市建筑工程质量协会评审专家组四次到现场检查,并经建筑业协会复查,得到了高度评价,获得五个"精"的好成绩,顺利摘得了"结构长城杯金奖"。本工程巨型钢结构屋盖体系是目前国内跨度最大的钢结构屋盖,通过我们的精心策划和严密组织,其安装精度达到了很高的水准,获得了"中国建筑钢结构金奖"称号;创新技术和建设部十项新技术的广泛应用是实现精品工程的有力保证,本工程无论是结构质量还是装修质量,均得到了"08办"、北京市建委等主管部门的认可和好评,并多次组织相关单位到现场进行观摩。目前,本工程正在积极为争创"北京市建筑长城杯金奖"和"鲁班奖"作准备。

2.技术成果可观

在工程建设过程中,我们始终坚持科技创新,并追求向科学技术的深度和广度探索,先后投入了480余万元进行科技研究和创新。其中"巨型钢结构网壳综合安装技术"获北京市专项资金支持340万元,"项目信息化管理及实时监控系统"获北京市2008办公室7万元资金支持,"超大无缝混凝土结构强度、应力、应变监测"获国家体育总局20万元资金支持,"饰面清水混凝土施工技术"由项目部投入30万元进行研究。

经过参与该工程各方技术人员的艰苦努力,创造了卓越的成绩,获得了宝贵的经验。我们对众多分项工程的施工经验加以总结提炼,汇编成文,立争为类似工程起到示范作用。本工程单项新技术应用总结从设计原理、工作机理、技术优势、方案比选、材料选择、施工要点、经济分析、节能环保等多角度、全方位进行分析,不仅使读者能对本工程的各项新技术应用有一个全方位的认识,而且对于类似项目的新技术和科研前沿有一个多角度的认识,因而,本总结也可为施工单位技术人员的科研和实践活动提供参考。

在本次争创"建设部建筑业新技术应用示范工程"活动中,取得了一系列具有较高价值的技术成果,主要包括:

(1)"巨型钢网壳综合安装技术研究"获得北京市科学技术进步三等奖。

(2)"大跨度网壳(架)外扩拼装、拔杆接力转换整体提升施工方法"申报了国家级工法。

(3)《拔杆群接力提升法在大跨度网壳施工中的应用》、《2008奥运会老山自行车馆铸钢支座预埋件施工》两篇论文在《2006年施工技术(增刊)》上发表,《2008年奥运会老山自行车馆双层球面网壳安装》在《2006年全国钢结构行业大会论文集》上发表。

(4)企业标准《老山自行车馆金属屋面施工质量验收标准》经专家组评审通过,在北京市建委备案(备案号JQB-122-2007),作为本工程金属屋面的质量验收标准,并为同类屋面的施工和质量验收提供了参考依据。

(5)在施工实践基础上编制的《饰面清水混凝土施工质量验收标准》、《木质赛道施工质量验收标准》、《大直径排水管道安装技术规程》等为今后同类工程施工提供了施工和验收依据。

(6)技术论文《老山自行车馆清水垂板施工方法》、《老山自行车馆施工测量技术》分别获得了2006年度总公司优秀技术论文二等奖和2004年度总公司优秀技术论文优秀奖,并被收录在总公司优秀技术论文汇编中。

3.提高工效,确保工期

本工程采用的大量创新技术对于提高工效、节省工期均起到了积极的作用,例如巨型钢网壳的安装由于采用了创新的综合安装方法,使钢网壳提升与安装可以和周边混凝土结构同步进行,节省工期达到了60天,在所有奥运会新建场馆中第一个实现结构封顶,受到了各界普遍的赞扬。装修期间由于分包项目多、设计变更多、协调难度大、资金周转困难等原因对施工进度产生了很大的影响,新技术的应用为我们在极端困难的情况下按时完成施工任务起到了举足轻重的作用。

4.文明安全施工效果明显

在本工程施工管理过程中,处处严格要求,做到了文明和安全施工。新技术应用应贯彻到方方面面，施工管理也不例外。比如本工程屋盖巨型钢网壳采用以人力推绞磨为动力、以拔杆群相互拉结为承重机构、以滑轮组为牵引装置的整体提升系统，降低了整体机械吊装的风险；环梁安装过程中巧妙地以安装完成的钢结构作为下步安装的支撑，所有脚手架只作为操作架，不仅使脚手架搭设量明显减少，而且大大提高了施工的安全性。市建委和总公司多次组织相关单位对本工程现场和安全管理进行观摩和推介，本工程也顺利获得"北京市文明安全工地"称号。

5. 经济效益显著

企业经营的终极目的是为了盈利，通过新技术增加经济效益是本次活动的主要目标之一，测算结果显示取得了令人满意的效果：

（1）新技术应用提高了工效，加快了进度，节约了材料，减少了施工设备、设施、机具和人员的投入，节省了材料成本、劳动力成本和管理成本，产生直接经济效益约2129.7万元，占施工总造价的10%左右，更为重要的是由于本工程建设过程中注重贯彻执行了"绿色奥运、人文奥运、科技奥运"的建设宗旨，采用了大量绿色环保节能的施工工艺和材料设备，使得该工程在使用期能够节省大量的能源，符合当前国家大力倡导的"可持续发展"的方针，具有巨大的潜在经济价值和深远的社会效益。

（2）新技术的应用降低了建设投资工程造价，将节省交付使用后的运营管理成本，延长建筑物的寿命，降低维修费用，给使用者带来长期的效益和回报。

6. 社会效益巨大

2008年北京奥运会是举国关注的一大盛会，能够在高手云集的建筑市场中脱颖而出承建老山自行车馆工程本身就代表了行业对中国新兴建设开发总公司的认可。通过各项新技术的成功应用，一个个施工难题迎刃而解，施工质量始终保持在高水准，使社会各界特别是施工界对总公司强大的技术能力有了更深刻的认同。更为重要的是该活动在项目部，进而在公司、总公司掀起了"崇尚科技兴企，立志岗位成材"的良好风气，广大技术人员纷纷加入到科研活动中，产生了大量具有推广应用价值的科技成果，提升了管理档次，提高了整体水平，为公司的集约化、专业化、规模化发展和做大做强战略的实施作出了贡献。

老山自行车馆项目经理部通过不懈的努力，获得了中央企业"学习型红旗班组标杆"的光荣称号，总公司工会、团委发出了"向老山自行车馆项目部学习"的号召，并颁发了奖金。

7. 节能、环境效益凸显

通过开展示范工程活动，节能、环保、绿色施工的理念已深深根植于项目部每一个参施人员心中。我们从规划、勘察、设计、施工、材料选择、材料使用和现场管理等方面进行多角度、全方位的控制与应用，有效地杜绝了各种污染源，抑制污染路径传播，为使用者提供了人性化关怀和健康舒适的比赛场馆。在施工过程中我们始终坚持按照"四节一环保"的要求进行施工和现场管理，大力推广应用绿色环保材料和设备，用实际行动履行了"绿色奥运"的建设宗旨。

本工程新技术应用的综合效益参见表2。

五、新技术应用体会

老山自行车馆工程自申报科技示范工程以来，合理组织，严格管理，科学论证，对创优质工程、节能施工和环保施工方面积累了宝贵的经验，形成了自己的特色，有着独到的体会。

1. 流程操作、策划为首

本次"新技术应用示范工程"策划活动包括组织机构策划、实施项目策划、实施步骤策划、创优分解策划、影像记录策划、总结重点策划等等。策划过程中还编制了新技术应用计划书，制订总目标及分项目标，重点突出质量、节能、环保和经济效益分析方面；确定新技术应用的项目、执行人、实施日期、完成日期、应用措施、实施目的等等。同时实施监督和检查制度，及时调整纠偏，组织好自行验收和评审。

2. 科学论证、方案先行

坚持技术先行出精品质量、方案先行出优良效益、预案先行出高效管理以及多方案比较出最优效果的原则，是本次活动的鲜明特色之一。在本工程绝大部分分项工程施工前，均制定多个技术方案，会同生产、材料、预算等部门进行研讨，从新材料、新技术、新工艺、新做法的应用，从施工节能性、环保性、可行性、便捷性、安全性、经济性等多角度、全方位进

本工程新技术应用的综合效益

表2

序号	新技术名称	比照对象	应用效益	说明
一　工期效益				
1	土钉墙支护	毛石砌筑	15天	提高工效
2	饰面清水混凝土	普通混凝土+装饰层	50天	节省装饰工期
3	HRB400级钢筋应用技术	HRB335级钢筋	5天	减少配筋量
4	粗钢筋直螺纹机械连接	焊接或搭接绑扎	20天	提高工效
5	碗扣式脚手架的应用	扣件式钢管脚手架	10天	提高工效
6	巨型钢网壳综合安装法	其他钢网壳安装方法	60天	实现了钢结构安装与土建结构同步施工
7	环氧砂浆自流坪地面	轻集料混凝土垫层+装饰面层	40天	简化工序,节省装饰工期
8	新型亚麻地板	轻集料混凝土垫层+装饰面层	25天	简化工序,节省装饰工期
9	预应力实时监测	传统试验方法	5天	简化试验过程
10	乐思龙吊顶	普通石膏板吊顶	15天	提高工效
	合计:245天			
二　质量效益				
	通过新技术的推广应用,提升了工程质量,获得"北京市结构长城杯金奖"和"建设部钢结构金奖"			
三　经济效益(单位:元)				
1	饰面清水混凝土施工	普通混凝土+装饰层	71万	节省装饰层材料和施工费用,清水模板可多次周转使用
2	HRB400级钢筋应用技术	HRB335级钢筋	15.8万	节省12%用钢量
3	粗钢筋直螺纹连接技术	焊接或搭接绑扎	12万	节省钢筋,提高工效
4	碗扣式脚手架的应用	扣件式钢管脚手架	8万	提高功效,加快进度
5	巨型钢网壳综合安装法	其他钢网壳安装方法	146万	加快进度,无大型机械投入,只需搭设局部操作脚手架
6	亚麻地板及自流坪地面	轻集料混凝土垫层+装饰面层	施工成本14万,使用期维护保养成本6.8万/年	材料及人工费价差,免打蜡保护技术
7	"贝姆"系统金属屋面	普通金属屋面	节能费用20万/年	可开启天窗及聚碳酸酯采光屋面,可保证白天正常照明;优越的保温隔热性能减少能源浪费
8	轨道式脚手架操作平台	满堂红钢管脚手架	30万	大量减少脚手架用量
9	金属矩形风管薄钢板法兰连接技术	传统角钢法兰连接	27.9万	节约材料,提高工效
10	太阳能热水系统应用	电加热系统	465万	按照15年使用期计算,用太阳能取代电能
	合计　2129.7万元(按使用期50年计算)			
四　社会效益				
	本工程作为举国关注的奥运工程,其成功的施工给企业带来了巨大的社会知名度和影响力,提升了企业的品牌价值			
	由于本工程建设过程中注重贯彻执行了"绿色奥运、人文奥运、科技奥运"的建设宗旨,采用了大量绿色环保节能的施工工艺和材料设备,使本工程在使用期能够节省大量的能源,符合当前国家大力倡导的"可持续发展"的方针,具有巨大的经济价值和深远的社会效益			

行比较,定夺最终方案。选定的方案均为优中选优的结果。

3.质量管理、至优品质

质量是建筑企业的生命和灵魂,是可持续发展的根基和动力。企业品牌是一种在质上无法界定、在量上无限扩充的资源,具有取之不尽、用之不竭的效应。

本工程创优活动开展的过程即是"新技术应用示范工程"活动开展的过程。优质工程必须有强有力的技术质量管理措施来保障,我们把技术质量管理贯穿于工程的始终和各个部分,做到各个环节从始至终不间断、不失控,事前有预控、事中有措施、事后有反馈。根据质量管理要求,逐步分解为各个单位、各个阶段、各个分项的质量控制措施,并坚决贯彻执行。总公司在示范工程实施过程中还进行了多次分阶段验收,并请市技术开发中心的有关专家亲临监督和指导。

本次活动实施过程中,我们努力做到精益求精,每一步骤、每一分项、每一细节上都高度重视,处处体现特一级企业的品牌意识,从我做起,从细节入手,完善品牌、提升品牌、扩充品牌、增值品牌。

4.多方努力、齐心协作

新技术应用示范工程是一项复杂的系统工程,需要所有参施方,包括规划单位、建设单位、勘察单位、设计单位、监理单位、施工总承包单位、分包施工单位的共同努力。作为总承包单位,我们充分发挥了统一协调与管理职能,协同各个专业分包单位,会同相关单位,统一思想,紧密配合。建设单位的构思规划、设计单位的先进理念、施工单位的新技术应用、监理单位的大力支持,构成了新技术应用示范活动的重要内容和必要条件。

5.全员参与、全方位控制、全过程实施

"新技术应用示范工程"活动实施贯穿于施工技术、实体质量、材料采购、现场管理、文明施工、成本控制等各个方面,涉及技术、质量、生产、材料、经营、行管等各个部门。因而实施新技术的各个环节、所有人员均从始至终不间断地进行控制,及时反馈和总结,形成全员管理、全员参与、全过程实施、全方位控制的局面。

6.广泛收集、及时总结

应用新技术的原始资料,应在项目实施前和实施过程中进行广泛收集,认真进行整理,并及时总结,力争做到每完成一项即总结编写一项。收集资料是总结的必由之路,总结是资料收集的终极目的,是科技示范活动成果的载体。尤其对于建设单位直接分包项目和技术力量相对薄弱队伍,要充分发挥总包协调管理和技术实力雄厚的特点,认真进行编写、督办、检查、审阅、修订和统筹等工作。

7.突破传统、创新意识

强调科技创新意识,勇于挑战权威和传统做法,对已有工艺进行革新,提高工效。强调每个人都是创新的主体,每个人都有创新的责任。创新不完全是创前人没有之新,别的行业有,别的单位有,引进过来也是创新。创新是一个生存的常态,每一项工作都存在创新的空间和余地,也提供着创新的机遇与挑战。创新不仅要创造价值,还要获得价值,要有效益的回报。创新首先在思想观念上,对各个工序而言,观念创新尤为重要。大力倡导敢为天下先的精神,使项目部处处是创新之地,天天是创新之时,人人是创新之士。通过规划创新、实施创新、总结创新;通过全员创新、全方位创新、全过程创新,革新了传统做法和工艺,引进了新型材料和专利技术,吸收了既有经验和成熟做法,起到了提高质量、加快进度、节省材料、降低成本、创造效益的目的。

8.追求效益、降低成本

盈利是企业的生命,利润最大化是企业的使命,一切生产活动要围绕盈利展开,以盈利作为考核的终极目标,以效益论英雄,以效益论业绩,以效益论奖惩。实施低成本是企业发展自身、制胜市场的有力武器。只有具备低成本的优势,才能在市场竞争中赢得先机。成本管理是一项复杂的系统工作,要把降低成本的视野扩展到各项工作中,形成全方位管理、全过程控制、全员齐抓共管的格局。坚持技术、质量、进度、安全、经营一体化,各项工作都要讲究投入产出,要以创效为目的统筹开展。强调技术经济分析,对每个分项方案和执行情况进行效益分析,以达到控制成本、降低造价和量化指标的目的。

老山自行车馆有粘结与无粘结预应力成套技术

◆ 窦春蕾，王 威

(中国新兴建设开发总公司，北京 100039)

摘 要：老山自行车馆工程主赛馆采用环形超长无缝"车辐式"混凝土框架结构。该结构满足抗震要求，但刚度较弱，且在温度效应作用下整体变形较大，同时异形节点多，施工难度大。本文全面介绍了高效预应力技术在本工程结构中的应用，重点阐述了预应力设计思路及采取的一些创新施工方法和措施。

关键词：有粘结预应力；无粘结预应力；后张法施工；温度、应力及变形实时监测技术

一、概况

老山自行车馆工程由主赛馆和裙房组成，总建筑面积 33320m²，主赛馆为三层(局部四层)圆形建筑，最大投影直径 149.536m，高 35.270m；裙房为地上单层建筑，矩形平面，最长的左裙房长度达 112m。

该工程设防烈度为八度，建筑抗震构造措施按九度考虑。主赛馆主体结构采用"车辐式"环形无缝钢筋混凝土框架结构，结构平面外部为圆形，内部为长椭圆形，赛道外侧为变标高环状墙体。外环轴线直径 126.4m，周长 397m。主体框架从内场-赛道-综合区-看台，错落布置。主赛馆屋面采用圆形双层焊接球面钢网壳结构，采用 24 根"人字摇摆式"向外倾斜的钢柱，铰接支撑于下部外环框架柱上(图1~图4)。

二、结构分析

1.结构设计方案与整体计算

结构设计方案确定的主要原则如下：

(1)满足结构自身最基本的安全要求；

(2)满足长椭圆形自行车赛道的安装要求，同时兼顾其他建筑功能需要；

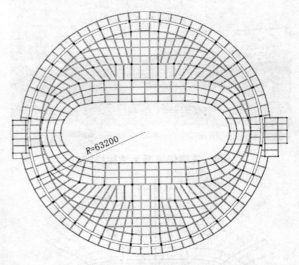

图1 主赛馆结构外貌

图2 主赛馆一、二层结构平面布置图

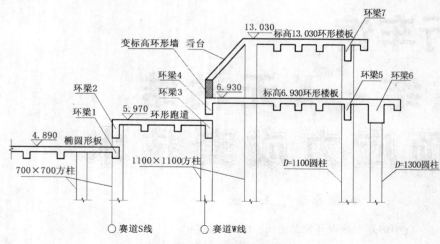

图3 主赛馆结构剖面示意图

(3)下部混凝土结构应满足屋顶钢结构的支承要求;
(4)控制结构变形;
(5)针对超出规范要求的内容应提出可靠的加强措施。

经过多次反复调整,最终确定的柱网平面布置见图5。

从图中可以看出,柱网布置很不规则,给框架梁、次梁和楼板等水平结构构件的布置带来困难,使得结构出现很多斜交的刚性节点。

通过采用SATWE程序进行整体结构计算表明该结构满足抗震要求,但侧向刚度较弱。由于截面尺寸的限制,构件配筋偏大;正常使用极限状态验算表明,跨度9m以上的径向、环向框架梁、4.8m悬臂梁及倒L悬臂框架柱等构件的变形和裂缝超出现行规范要求。

图4 主赛馆混凝土结构(局部)

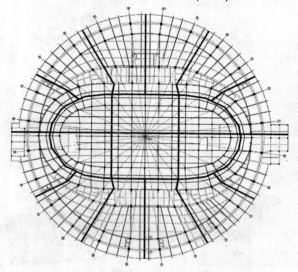

图5 柱网和结构平面布置图

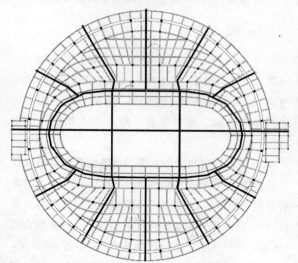

图6 主赛馆后浇带位置示意图

图7 铰接可转动的铸钢支座

2.结构温度效应分析

混凝土框架部分没有设置永久性伸缩缝，温度效应比较突出，按现行规范属于超限结构。在 SATWE 计算分析的基础上进一步采用了大型通用有限元分析软件 ANSYS 对各种荷载和温度效应等工况下的应力及变形进行分析。

(1)通过分析再次验证了温度应力的基本特点：

1)基本上应力和应变不再符合虎克定律关系，即应力大应变小，而应变大则应力小。

2)混凝土结构的温度荷载沿结构长方向是非线性分布的，这是由于混凝土的热传导性能差造成的。

3)混凝土结构的温度应力分布是有时间性的。

(2)有限元理论分析表明，该结构由于竖向约束较弱，水平构件自由度较大，基本上不会由于降温而开裂。但鉴于该结构的重要性，出于安全和观感效果考虑，仍应采取必要的措施，防止在重要结构件上产生有害裂缝。

3.本工程温度应力控制的原则和措施

主要包括三个方面：防、放、控。

(1)防

主赛馆主体结构设置多道混凝土后浇带，后浇带的浇筑时间，也即结构闭合时间，在混凝土浇筑 6 个月以上为宜，闭合环境温度限制控制为 5~10℃(图6)。

(2)放

1)人字形钢柱采用了可以转动的铸钢球铰柱脚节点，使钢柱仅受轴向压力作用，从而释放了屋面结构的温度应力(图7)。

2)标高 6.930m 外环柱以外的平台部分为悬挑露天结构。由于暴露在室外，受温度变化影响较大，要对其温度应力加以约束从技术上比较困难，也不经济。为此沿平台环向设置了 14 道 800mm 宽的预制板带，以释放温度应力(图8)。

(3)控

控制包括两个方面，一是超长构件自身温度应力的控制；二是控制水平构件温度应力对框架柱尤其是外环柱的影响。三层环柱以外楼板部分，处于室内，温度变化幅度较小，施工期间主要通过后浇带解决混凝土物理收缩问题，正常使用期间主要通过采取的配筋加强措施抵抗一定的温度变形。控制措施如下：

1)标高 6.930m 处外环圆柱是上部人字柱及屋面网壳的支座，对保证屋盖系统的安全意义重大，该部位外环柱顶环梁是温度应力表现最突出的位置。因此外环柱及柱顶环梁除在计算上满足抗震及正常使用状态下温度应力的要求外，构造上也进行了加强，采用上下钢筋通配，全长箍筋加密，梁侧和梁中部均设置构造钢筋等措施。

2)其他构件在计算和构造上均考虑温度应力的影响，楼板采用双层双向配筋，环向梁、环向墙配置温度应力筋。

3)从整体概念设计出发，对结构施加预应力，针对不同部位采取不同的预加应力措施。

三、预应力设计概况

(1)预应力筋根据结构受力需要，分为结构强度预应力筋和结构温度预应力筋两种类型；根据施工工艺不同，分为后张有粘结预应力筋和后张无粘结预应力筋两种。根据结构构件抗震等级、受力性质、强度和裂缝控制要求的需要，分别配置不同类型的预应力筋。从预应力筋承担的作用来看，预应力筋一部分用以平衡外荷载，满足构件强度、挠度、抗裂或控制裂缝宽度要求为主；另一部分用以施加约束，限制温度应力产生的变形为主。

(2) 预应力筋均采用 f_{ptk}1860 级 ϕ15.2mm 低松弛钢绞线，预应力锚具采用 B&S 体系，张拉端采用单孔夹片锚具和多孔夹片群锚，固定端采用单束挤压锚具。预应力筋的张拉根据长度不同，采用单端张

图8 6.930m悬挑平台预制板带

拉和双端张拉两种形式。张拉端根据构件部位,分别采用外露和不外露方式。

(3)结构各部位构件具体设计

1)主馆内场

内场楼盖为长椭圆状,长度为92m,宽度为34.6m,长向梁内配置无粘结温度预应力筋,短向梁内配置有粘结强度预应力筋。

2)主馆赛道

椭圆环状赛道为本工程的功能中心,径向预应力梁以承担受力、控制变形为目标,配置有粘结强度预应力筋,环向折线梁和环形梁、墙配置无粘结温度预应力筋。

3)主馆看台和综合区

由于该结构体量庞大,整体未设温度伸缩缝,温度变化引起的温度应力将对结构产生很大的不利影响。预应力环梁既要满足自身的变形、抗裂或裂缝宽度要求,又要满足整体结构温度应力控制的要求。该部分环梁为混合配筋,既配置有粘结强度预应力筋,又配置无粘结温度预应力筋。径向的悬臂梁、悬臂框架梁配置有粘结强度预应力筋,既满足结构受力、挠度控制要求,同时也满足结构整体温度应力控制的需要。为平衡悬臂框架梁的受力,在相应位置的框架柱内,配置了竖向有粘结预应力筋。

4)裙房

裙房相对主馆位置,分为左、上左、上三部分,各部分均为超长框架结构,最长的左裙房长度为112m。裙房结构受力和温度应力控制均采用无粘结预应力筋。

四、预应力施工特点及技术创新

预应力施工是本工程结构施工的重点、难点之一。与以往工程不同,本工程预应力施工的技术创新反映在各个构件有粘结、无粘结预应力的综合应用,既满足结构受力、挠度控制要求,同时也满足结构整体温度应力控制的需要。由于预应力单层施工量大、工期紧和其他工种联系密切,使得预应力施工工艺复杂。

本工程预应力施工的难点主要有:

(1)环形构件多,直径大,预应力筋铺设、张拉技术难度大;

(2)框架节点种类繁多,钢筋过于密集,预应力筋布置难度大;

(3)各施工段同步施工,预应力筋铺设、张拉施工组织难度大;

(4)单层施工面积大,后浇带多,预应力筋从铺设到张拉,周期长,成品保护至关重要。

五、预应力施工

1.施工部署

预应力筋铺设顺序紧随土建施工。由于钢网壳施工采用拔杆提升、空中外扩拼装的方法,预应力筋张拉、支撑拆除及后浇带施工按照以下方案组织:

(1)在混凝土浇筑2个月后,浇筑第一批后浇带。

(2)在第一批后浇带混凝土达到设计强度后,张拉环向需在第二批后浇带内张拉预应力筋。

(3)在混凝土浇筑6个月后,当环境温度为5~10℃左右时,浇筑第二批后浇带混凝土,将整个结构闭合。

(4)屋面钢网壳施工完成,满堂红脚手架拆除后,主赛馆预应力筋张拉采用逆作法,从二层到一层,逆向张拉各层预应力筋。先张拉径向,再张拉环向。张拉二层预应力梁后,先拆除该层模板和支撑,再张拉一层预应力梁,最后拆除一层模板和支撑。

(5)内场楼盖分为三个施工段平行施工。混凝土达到设计强度后,短向梁中的有粘结预应力筋和长向中间施工段的无粘结预应力筋即可进行张拉。张拉后浇筑内场后浇带混凝土。其强度达到设计要求后,再张拉长向两边施工段中的无粘结预应力筋。

(6)裙房中的后浇带在混凝土浇筑2个月后,可进行浇筑。

(7)裙房中未通过后浇带的预应力筋在混凝土强度达到设计要求后,进行张拉。裙房中通过后浇带的预应力筋在后浇带混凝土强度达到设计要求后,再进行张拉。

2.具体构件施工方法及技术措施

本文对于有粘结和无粘结预应力的基本施工流程和工艺不再赘述,以下对本工程具体构件采用的一些创新工艺和做法进行介绍:

主要环形构件统计表   表1

标高(m)	部位	截面b	截面h	1/4弧长(mm)	1/2弧长(mm)	直线长(mm)	周长(mm)	备注
4.89	内场	长	92000	宽	34600			
5.97	车道内环	400	1000	32957	65914	43200	218228	
5.97	YL-2	350	700	38633	77266	43200	240932	
5.97	YL-1	350	700	45149	90298	43200	266996	
6.93	车道外环	500	2000	50969	101938	43200	290276	
						单跨		半径
6.93	大环1	600	1200	89850	179700	14975	359400	57200
6.93	大环2	1400	1200	98196	196392	16366	392784	63200
				99276	198552	16546	397104	中心
				100374	200748	16729	401496	
6.93	外挑板1			106812	213624	17802	427248	
13.03	大环1	600	1300	89850	179700	14975	359400	
13.03	外挑板2			97392	194784	16232	389568	

(1) 环形墙、梁预应力施工

本工程结构平面为外部圆形,内部长椭圆形。结构中的多道整体不设缝的环形墙、梁是本工程结构设计的一个重要特点,从施工图设计来看,环形墙、梁也是重点加强部位。环形墙、梁内的预应力筋由于普通钢筋比较密集,预应力筋孔道比较长,预应力筋铺设、张拉操作空间很狭小,张拉端锚具排列紧凑。不论有粘结预应力筋,还是无粘结预应力筋,施工难度都很大(表1)。

1) 变标高环形墙预应力筋铺设

环形墙中的预应力筋为周圈闭合设置,设计要求预应力筋分段长度不大于60m,且上下相邻的预应力筋张拉锚固位置要错开。当遇到墙体中的洞口时,预应力筋可在洞口两侧分别锚固和张拉(图9、图10)。

2) 环梁预应力施工

各层环梁的预应力筋铺设、张拉是本工程预应力施工中的难点和重点,要求从人、机、料、法、环等各方面认真准备、精心组织、精心施工。关于有粘结和无粘结预应力筋铺设与双控张拉、灌浆的标准施工工艺,本文不再赘述,以下就环梁预应力施工过程中解决的主要问题分别加以阐述。

① 预应力筋线形控制

内场环梁、赛道四圈环梁基本为长椭圆形,均配置单一的水平环向无粘结预应力筋。预应力筋每2束为一组,每组的2束筋竖向并列排放,至张拉端处自然分开,穿过单孔承压板分别张拉。预应力筋铺设要求环向水平。赛道中间的两圈环梁为折线式,每段梁体为直线,预应力筋设计在梁截面型心处,故每段

图9 变标高环形墙预应力筋布置图

图10 环形墙预应力筋张拉端

预应力筋亦按折线方式布置,在梁体打折处,预应力筋以圆弧过渡。其他环梁预应力筋在中间直线区间段设计在梁截面型心处,按直线布置,在两端弧梁区间段,预应力筋逐渐由型心过渡到向外侧偏心布置,以适应闭合环梁受力。

6.930m 层 YKL-1、YKL-2 为闭合圆环梁,13.030m 层的 YKL-1 为不闭合圆环梁,二者均为有粘结与无粘结混合配筋。有粘结预应力筋按抛物线设计,按中心对称要求布置截面,以满足平衡荷载之需要;无粘结预应力筋按水平环线设计,按向外侧偏心布置,以满足控制温度应力及变形的需要(图11)。

图11 有粘结预应力筋的线形控制

梁中预应力筋的定位一般采用焊接定位钢筋的办法。本工程由于现场作业面大而分散,不利于电焊机作业,同时到处拉线存在安全隐患。为了减少现场施焊作业,提高工效,本工程中试用了一种工具式定位抱卡。该卡用废包装带加工,现场按设计定位间距用一根长螺杆和几个螺栓将抱卡裹住预应力筋,并固定在邻近的梁箍筋上,工人作业既无需电焊、也不用绑丝,只要用一把小扳手即完成了预应力筋的定位。该方法经试用,经济、高效、环保,反映良好,拟大力推广应用。

环梁的预应力筋在设计时充分考虑了与普通钢筋的位置关系,施工中与土建协调顺畅,工序穿插合理紧凑,所以尽管钢筋密集,施工操作难度大,但最终能够确保预应力筋位置线形准确、流畅。

②预应力筋分段搭接方法

长椭圆形环梁的预应力筋全长分为8段,有两种搭接方式(图12、图13)。

在直线与弧线段交接的后浇带处按图12的方法分段搭接。

在弧线与弧线段交接处按图13的方法分段搭接。

圆形环梁中有粘结预应力筋为单跨锚固、单跨张拉,其搭接方式如图14。

圆形环梁中无粘结预应力筋的布置参考了筒仓类结构中预应力筋的布置方法。相邻层的预应力筋张拉端按逆时针方向错跨布置。以 6.930m 环梁 YKL-1 为例,该梁中环向无粘结筋配置 4×4 束。如果在同一截面进行简单搭接,那么该截面将有 8×4 束预应力筋,加上本已双倍的有粘结预应力筋,该区间截面预应力筋将达到 88 束,平均压应力将超过 7.0MPa。从受力分析来看,该区间截面的压应力超过了 4.0~6.0MPa 的常规范围,有必要采取措施,减低该区间预应力筋数量。经过优化,环形温度筋每圈分为

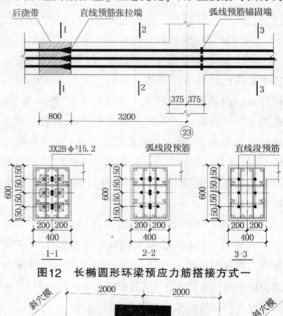

图12 长椭圆形环梁预应力筋搭接方式一

图13 长椭圆形环梁预应力筋搭接方式二

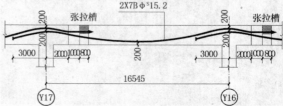

图14 圆形环梁有粘结预应力筋搭接方式

6段,每段4跨,包角为60°,同层每圈错跨布置,两端张拉。这样,每个张拉端截面只有4束无粘结温度预应力筋,在搭接区域内,预应力筋总数减少了12束,不仅使平均压应力控制在常规范围内,使环向应力比较均匀。而且大大方便了张拉端布置,更有利于保证张拉质量和安全。具体搭接方式如图15。

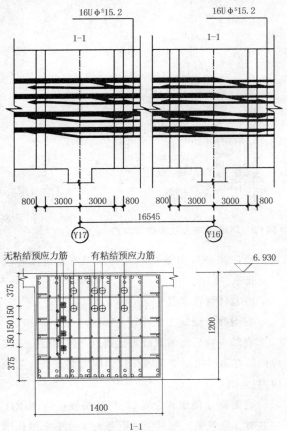

图15 圆形环梁无粘结预应力筋搭接方式

③预应力张拉端做法

长椭圆形环梁的直线预应力筋在后浇带内张拉,弧线部分预应力筋由弧形梁外侧张拉,均属常规方法,参看前面插图,不再赘述。

折线环梁的张拉端,要求沿折梁方向出张拉端,不能拐弯张拉,否则会改变受力方向。

下面重点阐述圆环梁的预应力张拉端做法。

本工程圆环梁最小直径也在百米以上,经查阅资料,在公共建筑中,尚没有类似的工程做法。在筒仓类结构中,虽有内槽口、外槽口、扶壁柱等环形结构预应力张拉方式,但框架结构受力与之有着本质区别,其做法也不能直接套用。在设计之初,曾设想在梁两侧设张拉端,但曲梁内侧无法实现,而且6.930m层环梁YKL-1截面宽度为1400mm,外侧面直接是建筑室外,建筑要求不允许张拉端外露。经反复考虑,最终确定,在受力较小的梁体两侧开槽,有粘结和无粘结预应力筋均在槽内张拉。预应力张拉后,再将槽口用混凝土封闭。开槽后的梁体截面由矩形变为了工字形截面。经设计验算复核,对槽口部位采取配筋加强措施。

由于槽口尺寸不能满足有粘结预应力筋张拉端承压板的布置要求,为方便张拉,将有粘结预应力筋在伸过支座截面后,改变为无粘结预应力张拉端。该段无粘结筋需要现场制作,为此专门组织进行攻关,经反复试验,最后达到无粘结预应力筋质量要求。

在预应力筋开始向张拉端弯折处,预应力筋张拉时将产生侧向崩力。经计算,在该部位设置了U形防崩筋。具体做法见图16。

图16 张拉端有粘结变无粘结的做法

④其他技术措施

本工程环梁与框架柱节点处,尤其是6.930m环梁YKL-1与外环圆柱节点,钢筋密集,抢位严重,加上铸钢支座埋件锚筋,使该节点施工难度极大。为使预应力波纹管顺利通过该区域,同时减小预应力孔道对框架柱截面的削弱,在节点区使用了扁波纹管。为保证柱体核心区箍筋的数量和位置,在径环向波纹管之间要求必须设有箍筋(图17)。

一般后张预应力工程,根据规范要求,每隔12m左右在预应力孔道上设置一道排气(灌浆)管。但考虑到本工程的重要和特殊性,为确保波纹管孔道畅通、万无一失,除在跨中位置外,在每个梁柱节点两侧,均分别设置了排气管。考虑到本工程预应力筋从

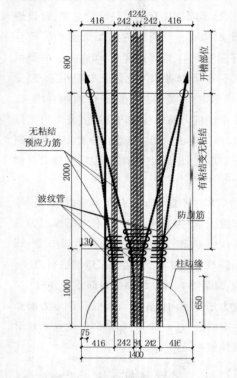

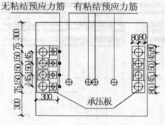

图17 环梁预应力筋张拉端构造

铺设到张拉，中间间隔时间较长，根据以往经验，排气管露出梁或板面的部分，在后续施工中，很容易被损坏。为此，本工程中所有梁或板面的排气管均采取暗设方法，排气管不伸出梁或板面，待以后张拉时，再将封口打开。要求施工时做好记录和标记，方便日后查找（图18）。

对于施工中不慎捅破的波纹管，在能下手操作时用接头管和胶带包裹严密。当由于钢筋密集无法下手作业时，采用了注射硅胶密封的办法，十分有效。

⑤环梁预应力筋张拉

环梁预应力筋张拉要结合环境温度、后浇带、

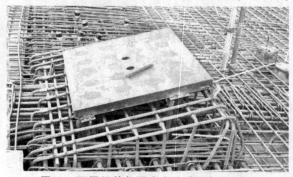

图18 环梁埋件与预应力孔道排气管做法

其他径向梁预应力张拉以及钢网壳安装进度等统一安排。

⑥总体张拉部署

在混凝土浇筑2个月后，浇筑第一批后浇带。

在第一批后浇带混凝土达到设计强度后，张拉环向需在第二批后浇带内张拉预应力筋及径向梁预应力。

在混凝土浇筑6个月后，当环境温度为5~10℃左右时，浇筑第二批后浇带混凝土，将整个结构闭合。钢网壳结构也要求在此期间闭合。

待第二批后浇带混凝土达到设计要求，从二层到一层，逆向张拉各层环梁预应力筋。

⑦环梁预应力张拉顺序

环梁要求整体均匀建立预应力。环梁预应力张拉采取整圈分级张拉方法。第一次由外向内，先张拉YKL-1、YKL-2中的有粘结筋，然后张拉赛道各圈无粘结筋至50%控制应力。第一次张拉完成后，再由内而外张拉至100%控制应力，顺序张拉YKL-2、YKL-1中的无粘结筋。张拉时，温度应力筋无须进行1.03倍超张拉，只要达到设计张拉控制应力即可。

以6.930m大环梁YKL-1为例说明具体张拉顺

序。YKL-1 中配置 16 束无粘结筋，分为 4 组，每组 4 束，每组每圈分为 6 段。6 段预应力筋应同时对称张拉。每束预应力筋采取一端张拉，一端补拉的方式进行。各组各圈预应力筋张拉后按逆时针顺序错跨到下一圈预应力筋，再进行整体对称张拉。如此进行，直到全部预应力筋张拉完毕。

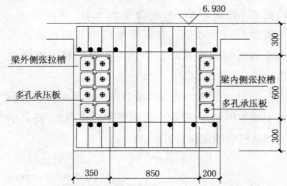

图19　6.930m环梁YKL-1张拉端剖面图

为了避免出现应力集中的现象，环梁的张拉端为逐跨布置，环梁中的有粘结预应力筋，在张拉端处 2m 的距离内变为无粘结预应力筋。在环梁两侧预留张拉槽，设置张拉端并用聚苯板进行封堵（图19）。

（2）预应力框架柱施工

本工程在赛道外侧最高点处有 6 根现浇预应力混凝土框架柱。按照设计要求，预应力筋采用一端张拉、一端固定的布置方式。预应力筋的张拉端全部设在柱子顶部，预应力筋的固定端除 YKL-2 柱中有 2 束预应力筋锚在顶标高 6.930m 的环梁内以外，柱中其他预应力筋都锚固在相应的柱基础内（图20）。

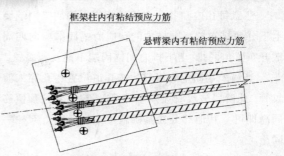

图20　YKL-1柱预应力筋剖面图（一）

1）柱预应力筋铺设

当柱子阶梯形的基础施工至基础顶面下 500mm 或以下部位，即是预应力筋锚固端的起始位置。土建可先按常规施工方法把柱、地梁的普通钢筋骨架基本绑扎成型。

把组装好的每一束预应力筋的锚固端一侧按设计位置逐束插入基础内，随之插入螺纹 $\phi 12$ 的架立筋，用绑丝将锚固端、架立筋与基础内其他钢筋绑扎架立牢固。在锚固端以上 1m 左右的位置将预应力筋按每孔束数分别临时固定（图21）。

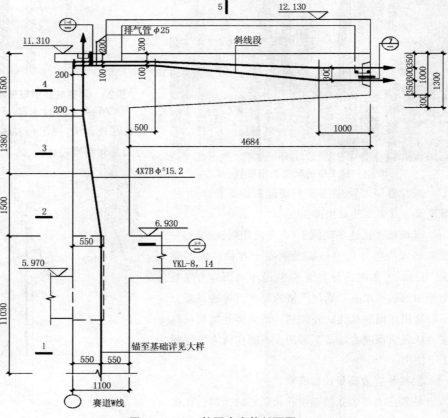

图21　YKL-1柱预应力筋剖面图（二）

注意每孔内和各孔之间的预应力筋的锚固端要上下分两排布置，同排内的预应力锚固端要向四周散开布置。同排、上下排之间锚固端不能互相叠置。

当锚固端固定好以后，按孔道位置逐孔穿入波纹管。此阶段波纹管无须全部穿入，仅需和柱预留筋同高即可。其他部分在基础施工完成后随上部柱一同施工。

对波纹管以外甩出的预应力钢绞线，每一束都套上一根软塑料套管，用防水胶带将两端封住。为方便土建进行基础施工，在柱子预留筋上绑扎4根约6m的架立竿，将甩下的钢绞线分组绑附在架立竿上（图22）。

图22 施工中的预应力框架柱

波纹管穿入后，在波纹管底部安装灌浆管，并将灌浆管一直引出基础顶面500mm。

基础施工适逢冬期施工。在冬施期间，混凝土一般要加入一些外加剂以满足混凝土各种性能的要求。目前，外加剂的种类很多，规范中对预应力混凝土外加剂的选用有明确而严格的要求。普通混凝土一般选用亚硝酸盐类的外加剂，而此类外加剂对高应力状态的预应力筋是不利的，不能在预应力混凝土中使用。

2）柱预应力筋张拉和灌浆

柱预应力筋的张拉端设在二层柱的顶部，在张拉悬臂梁之前应先张拉柱预应力筋。张拉应按孔道对称分级进行。在悬臂梁预应力筋张拉完成后，柱与梁一同灌浆。灌浆时应通过灌浆管从下往上顶灌，并用自重沉浆法，从上部进行二次补浆。

3）梁柱结点处预应力施工

由于本工程框架节点类型繁多，为了在施工中使预应力波纹管在梁中保持顺直，在框架柱梁的拐铁、柱筋密集区，应提前放大样，排定尺寸，给波纹管预留通道。在需要侧移中遇到与箍筋发生矛盾时应调整箍筋的位置，使波纹管能够顺利通过。

有粘结预应力筋张拉端处做法：当喇叭口直径大于柱头钢筋时，应把柱头钢筋向两边调整，使之牢固地放置在预定位置（图23）。

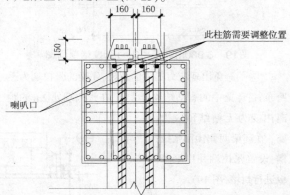

图23 调整柱头钢筋使喇叭口对称放置放样图

KZ6-4(4.890)、KZ6-5(4.890)无粘结预应力筋张拉端处做法：由于在KZ6-4、KZ6-5处无粘结预应力筋是倾斜穿过柱头，为了以后能够张拉，在预应力

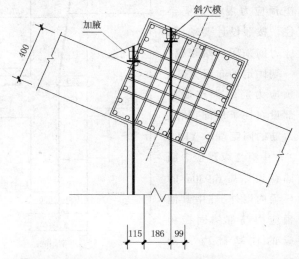

图24 倾斜穿过柱头无粘结预应力筋张拉端做法

筋和柱边缘夹角较平缓部位采用放置斜穴模的施工方法;而在预应力筋和柱边缘夹角较小无法放置斜穴模的部位,应做45°加腋(图24)。

4)有粘结预应力筋梁柱节点内波纹管做法:在调整箍筋的位置同时,波纹管也应做一些调整,使柱头钢筋调整数量减为最小(见KZ2梁与柱节点详图)。而 KZ2a-2 (6.930)、KZ2a-2 (13.030)处预应力波纹管必须在柱头处弯曲,此时波纹管通过两端框架柱时波纹管位置要保证和梁平行(图25)。

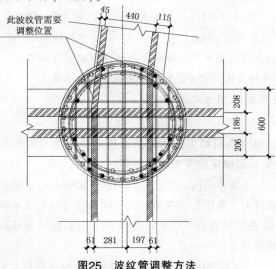

图25 波纹管调整方法

KZ1(6.930)梁柱节点做法:KZ1(6.930)处梁柱节点最为复杂,既要通过径向梁方向的3束7孔的有粘结预应力筋,又要通过环梁内的4束7孔有粘结预应力筋和4束4孔的无粘结预应力筋。同时还需要避让倾斜插入的型钢钢筋。为了让3方不相互影响,把型钢的插入钢筋进行微调。经过和钢结构及总包三方的共同努力,先进行实际考察,并做出1:1模型请专家进行讨论,成功地解决了这一难题。

六、环梁温度、应力及变形实时监测

老山自行车馆造型新颖,结构特色鲜明,尤其是其环形超长无缝的结构布置,给建筑及设备专业安装带来很大方便,使整个建筑浑然天成,增色不少。然而,建筑的创新对结构设计、施工提出了挑战。由于众多因素限制,在结构温度应力设计控制上已超过现行规范规定。在设计方面,把留置混凝土后浇带、加强构造配筋、在径向与环向施加一定的预应力、控制结构总体闭合温度、网壳与下部结构铰接等作为控制温度应力的主要结构技术措施。在施工方面,从材料配比、浇筑、养护等环节还要采取措施。这些措施需要量化的数字来反映其效用。在混凝土内、外部设置仪器,对结构进行温度、应力及变形的实时监测是一个事半功倍的方法。通过少量的投入,可以实时监测结构在未来期间的受力状态,可以测量当气温变化时结构内部温度场与应力场的变化,从而为保证结构在各阶段的正常工作提供重要原始数据,为以后采取更加合理的措施提供数据支持。目前国内可借鉴的类似工程很少,这将为以后我国类似工程设计研究提供极其宝贵的资料,同时也将为我国大跨度空间结构温度应力研究做出很大贡献。

关于本工程环梁温度、应力及变形实时监测的具体内容我们将撰文单独进行介绍。

七、施工体会

老山自行车馆工程结构体量庞大,而且结构全部现浇为一整体,主体框架部分未设永久伸缩缝,属于超常规设计结构,通过采取施加径向与环向预应力,建立整体约束以及其他多方面技术措施,实现了超大、超长环形结构,取消永久伸缩缝,为建筑、设备等专业设计带来很大方便,并且直接改善了工程观感效果,促进了建筑结构技术的进步,将产生良好的社会效益和较大的经济效益。

在具体施工中完成了大直径环形混凝土结构、预应力综合施工。成功地把有粘结预应力技术和无粘结预应力技术结合到一起。根据结构构件抗震等级、受力性质、强度和裂缝控制的需要,分别配置不同类型的预应力筋。从预应力筋承担的作用来看,预应力筋一部分以平衡外荷载,满足构件强度、挠度、抗裂或裂缝宽度要求;另一部分以施加约束,限制温度应力产生的变形。大直径环形构件预应力筋铺设、有粘结及无粘结等张拉工艺技术创新,为预应力技术的进一步推广和创新做出了良好的示范。

老山自行车馆施工测量技术

◆ 张存锦，孟昭桐

（中国新兴建设开发总公司，北京 100039）

摘　要：老山自行车馆工程主赛馆平面外形为圆曲线，自外向内共5条环状轴线(X1-X5)，其中X1、X2为已知方程曲线，X3、X4、X5为未知方程曲线，另外X2-X5之间很多环形梁及看台边线为未知方程曲线型建筑。本文结合施工实践，详细阐述我们对本工程测量总体平面控制及施工过程中的测量控制、精度要求、施工过程中采用的具体测量方法和技术措施以及施工体会。

关键词：场区平面控制网；建筑物平面控制网；弦线支距法；切线支距法

一、概况

老山自行车馆工程建筑面积33320m²，由主赛馆和裙房组成，建成后将成为我国首座配备国际标准木质赛道的室内自行车赛馆。主赛馆局部地下一层，地上三层，檐高18.8m，金属屋面最高点标高36.5m；裙房为单层矩形建筑（图1）。

二、测量工作的难度和复杂性

1.主赛馆平面外形为圆曲线，自外向内共5条环状轴线(X1-X5)，其中X1、X2为已知方程曲线，X3、X4、X5为未知方程曲线，另外X2-X5之间很多环形梁及看台边线为未知方程曲线，定位测量工作量大且存在很大难度（图2）。

2.支撑屋面钢结构的24根巨型人字柱的铸钢支座通过24块1100×900×60向外倾斜15°角的预埋板与混凝土结构连接，埋板位置在径向及环向偏差要求不大于±5mm，高程偏差要求不大于±3mm（图3）。

3.铸钢支座和人字柱空中定位安装的精度要求高，安装时内部控制网因土建施工遮挡无法通视，外部场区导线控制网受到脚手架的遮挡且距离较远等因素的影响，给精确定位带来很大难度。

4.屋面钢网壳跨度133.06m，重量520t，空中微调难度大，采用外扩拼装与拔杆接力提升结合安装技术，在悬吊状态下完成标高、平面位移及扭转的精确调整和定位的难度大。

5.屋面钢网壳与外圈巨型环梁要在空中进行对接合拢，合拢圈为全封闭圆形，杆件数量多，网壳的施工偏差、环梁系统的安装偏差及杆件的尺寸偏差都可能影响顺利合拢，因此对各部位构件安装过程和最终合拢过程的测量控制精度要求很高。

图1　远景图

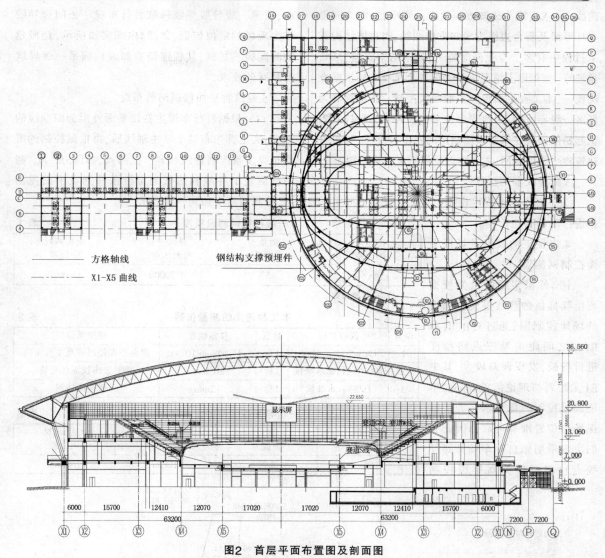

图2 首层平面布置图及剖面图

三、采用的测量方法和技术措施

1. 测量精度控制标准

(1) 平面控制网：达到《建筑工程施工测量规程》(DBJ01—21—95)中一级平面控制网的测设精度。

(2) 水准测量：达到《建筑工程施工测量规程》(DBJ01—21—95)中三等水准测设精度要求，往返或环闭合差小于 $±4\sqrt{n}$ (n 为测站数)。

(3) 铸钢支座埋板位置在径向及环向偏差要求不大于 ±5mm，高程偏差要求不大于 ±3mm。

(4) 钢网壳中心位置偏差不大于 30mm。

2. 本工程测量工作实施原则

根据自行车馆主赛馆平面外形为圆曲线，自外向内共5条环状轴线(X1-X5)，其中X1、X2为已知方程

图3 铸钢支座与预埋板连接示意图

曲线，X3、X4、X5为未知方程曲线，另外X2-X5之间很多环形梁及看台边线为未知方程曲线，因主体结构施工过程中有多个专业同时施工，如钢结构安装、幕墙预埋等。根据以上情况为了确保整个工程起始依据准确统一，本工程平面控制采取两级控制。首级控制为场区一级导线网，主要作为整个工程各个工种控制测量起始依据及建筑平面控制网的测设与校核。二级为建筑物平面控制网，主要作为主体施工测量控制。

3. 测量仪器的选择

为了减小仪器固定误差，我们对仪器的固定误差进行现场实地校验。

4. 定位桩的校验及场区平面控制网测设

图4外粗实线所示为根据测绘院提供的红线桩位置测设的场地控制网，通过对B、B1和B1、C之间距离及三点间角度进行校验，发现误差较大，其中B1、C距离与理论值差46mm，不能满足控制测量要求。为了确保场馆位置准确可靠，因此我们决定采用原自行车场马路导线点11和12作为高等级控制点，按照一级导线等级标准另行布设一条闭合导线作为现场的定位依据，如图4内细实线所示，经城建勘测院验线复核，其精度偏差如表1，满足一级导线控制网的要求。

5. 建筑物平面控制网的布设

（1）根据自行车馆主赛馆平面外形为圆曲线的特点，决定首先布设十字主轴线后，再根据控制的需要布设多条控制轴线和多个控制点，如图5所示。利用已测设的导线和图纸的定位条件测设平面控制网，控制网精度达到一级要求。

一级控制网测设精度　　　　　　　　　表1

方位角闭合差	测角中误差	导线全长相对闭合差	边长相对中误差
$\pm 10\sqrt{n}$	$\pm 5''$	1/20000	1/40000

注：n 为测站数。

本工程选用的测量仪器　　　　　　　　表2

序号	仪器名称	数量	仪器精度	使用部位
1	GTS-7001全站仪	1套	$\pm 1''$，$\pm 2mm \times 10^{-6} \times D$	建立平面控制网及主点测设
2	NA005A精密水准仪	1套	$\pm 0.5mm$	铸钢支座预埋件安装
3	DZS3-1水准仪	1套	$\pm 2mm$	一般标高抄测

一级导线控制网测设精度　　　　　　　表3

角度闭合差	测角中误差	导线全长闭合差	导线相对闭合差
9″	3.7″	10mm	1/45000

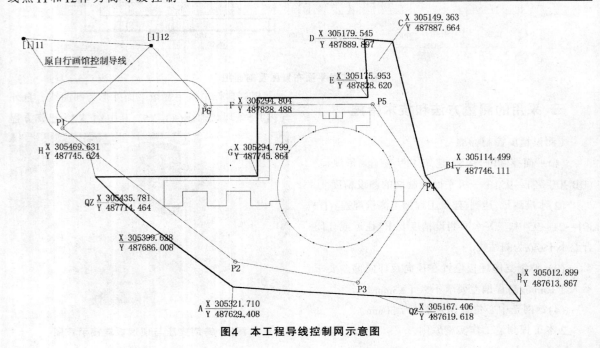

图4　本工程导线控制网示意图

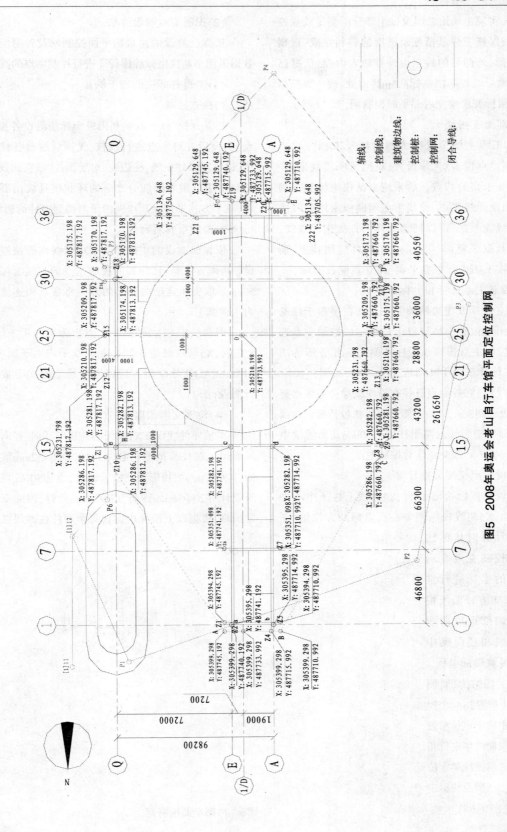

图5 2008年奥运会老山自行车馆平面定位控制网

(2)为实现主场馆二层及以上部分的测量放线控制,为了确保施工测量精度及进度的顺利完成,根据场馆中部低、外侧高的特点由外控转入内控,依据已测设的场地导线控制网在标高6m赛道处,按一级控制网的技术指标要求建立内部平面控制网,如图6所示。

6.细部施工测量

因本工程主场馆造型为圆曲线及未知方程曲线、所需测设点位多、工作量大、点测量所需数据多、测量精度要求高的特点,故采用全站仪坐标放样程序,首先测设曲线主点,曲线主点间曲线采用弦线支距法或切线支距法,再以局部放样的方法进行放线。

主点坐标数据采集:采用AutoCAD软件应用技术,通过电子版施工图进行数据采集,建立测量数据库。

(1)控制主点选择和坐标计算

1)独立柱基开挖边线控制主点选在平行于柱基垫层两侧10cm位置。垫层以上柱子定位控制主点选择:圆柱控制主点选择在距柱外侧30cm正方形的四角点,方柱选择在大于柱四边30cm的角点(图7)。

2)曲线X1、X2控制点选择在沿曲线梁中心线远离柱基或柱边两侧5cm,其他未知方程曲线包括看台曲线选在柱子沿梁中心线远离于柱侧边50mm及曲线梁中心线和径向梁中心线交点作为控制主点。

3)测设主点坐标数据计算

依据设计图纸给出了X1、X2曲线上柱子中心坐标及X3、X4、X5曲线柱内侧中心点坐标及方位角,在主点坐标计算时依据这些数据及控制主点在局部坐标中的坐标进行推算坐标,未知方程曲线根据电子版图纸提取曲线起点及曲线和径向梁中心线交点提取局部坐标。

4)以主场馆为例,测量工作中共布置2644个控制主点,其中柱子定位布置1004个,一层曲线梁定位布置492个,二层曲线梁定位布设916个,三层曲线梁定位共布置232个(图8)。

(2)控制主点测设方法

依据已测设的建筑物平面控制网及各测设主点数据采用全站仪坐标放样程序进行控制主点的测设。

(3)工程各部位的施工测量

1)独立柱基

柱基开挖、柱子放线利用极坐标法测设备控制主点,测设后并对主点进行校核,无误后放出各柱基中线、边线或者柱中线、柱边线。对于圆柱,依据测设控制主点采用已做好的四分之一的环状模具放出圆柱边线,对于方柱采用控制点向内量测得到方柱的边线。

2)曲线梁及看台

依据已测设的主控点,采用弦线支距法进行测设。具体方法是:在相邻两控制主点的弦线上每间隔50cm量取支距定出曲线上的点,将各点相连就形成为一曲线。

圆曲线X1轴X2轴曲线上点支距可用手工计算,X3、X4、X5轴及其他未知方程曲线采用电子版图,利用AutoCAD软件绘图方法提取曲线上的支距数据进行测设(图9)。

(4)铸钢支座预埋件

本预埋件埋设在X1轴线的柱顶与环向、径向梁交叉部位,在柱头范围内总共有180Φ28~32mm梁柱主筋,10Φ80mm的预应力波纹管通过,重达800kg埋件本身设计有20Φ36mm锚筋、12Φ20mm栓钉,因此安装异常困难,根据以上情况决定在每个埋件柱四周搭设牢

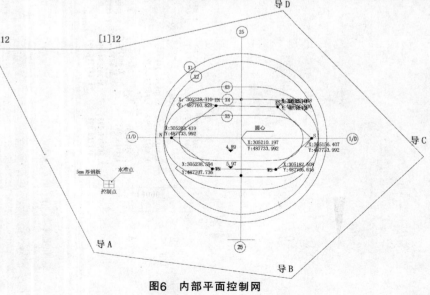

图6 内部平面控制网

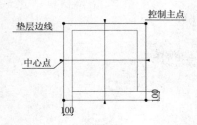
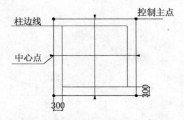
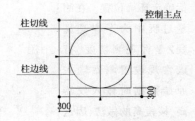

图7 独立柱基控制点示意图

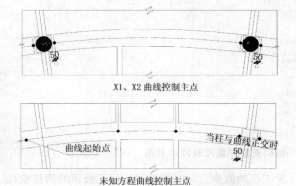

图8 曲线梁控制点示意图

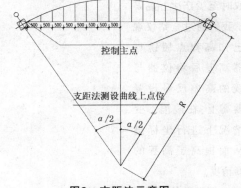

图9 支距法示意图

固的穿过顶板混凝土的脚手架，脚手架高于埋件1.5m，并在高于埋件约30cm搭设水平杆，作为埋件的径向方向和切线方向的十字控制点测定的位置，通过极坐标法定出预埋件中心十字线控制点实现预埋件的定位。

(5)铸钢支座预埋件高程控制

为保证高程精度，采用NA005A精密水准仪进行观测，将控制高程引测到控制架子四角立杆上，引测时为了减少仪器误差，要求将仪器置在水准点与预测点的等远处。

(6)埋件安装后复核及验收

为了保证埋件的准确性，混凝土浇筑前对埋件再次测定，测点选择在小于设计埋件尺寸各5cm处的四角点，采用极坐标法，依据已计算的测点坐标数据测设，校核无误后用精密水准仪进行高程校核。

(7)钢结构安装前预埋件交接检前的测量

钢结构安装前对预埋件安装精度进行摸底复核，测点位选择在小于图纸设计埋件尺寸各5cm处的四角点，经检查符合预埋件的安装精度要求，办理交接检手续。

(8)铸钢支座及人字柱安装控制测量

1)控制网的测设因本工程钢结构铸钢支座安装及人字柱安装时内部土建结构施工遮挡内部控制网无法使用，外部场区导线控制网受到架子的遮挡及点位距离较远等因素的影响。为了确保铸钢支座及人字柱安装就位的准确性，我们在6.93m结构顶板，依据现场场地导线控制网建立一级导线控制网，按一级导线控制网精度指标要求进行测设。

2)铸钢支座安装测量

首先依据设计图纸计算出铸钢支座的经向方向与铸钢支座中心的切线的十字线并大于铸钢支座30cm点的坐标数据，后依据已测设的平面控制网点采用全站仪放样程序测设出各点位置，为了确保点位的正确可靠，测设后对各点的间距以及各铸钢支座中心间的距离应进行校核。点与点间的距离误差不大于±2mm(图10)。

3)人字柱安装控制测量人字柱安装主要控制它的竖向倾斜度、水平高度及方位。安装前依据设计图纸计算出人字柱柱顶中心点的三维坐标，在安装过程中依据测量控制点采用全站仪对其柱顶上部点的三维坐标进行观测调整到设计的位置。

(9)外环梁安装和网架整体提升过程控制测量及合拢时监控测量

1)环梁安装测量：环梁分段安装过程中依据场馆中心以测定控制网采用全站仪坐标测量程序对设计分段加工制造环梁中心定位点进行测量其三维坐

标确定环梁位置。在测量过程中为了提高高程Z坐标观测精度,打破常规设置测站输入原始数据时输入仪器高、棱镜高的做法,因这两个数据是现场钢尺量取时至少产生2mm误差。我们通过全站仪观测已知高程点棱镜与仪器高差后将仪器与棱镜的高差反号设置仪器高上,在棱镜不变的情况下进行坐标测量从而提高了高程的观测精度。

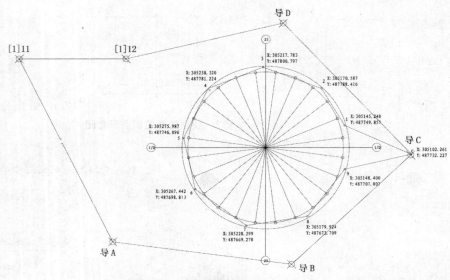

图10　铸钢支座测量控制网示意图

2)网架整体提升过程控制测量

网架提升时高程控制采取在各外侧提升点位置的球结点上标注标示点,在提升过程中采用全站仪的无棱镜观测,适时对各观测点三维坐标进行观测确保提升过程中的水平;网架提升过程中的纵横向位置的控制依据下部十字柱控制网将全站仪安置于十字控制网中心点,对其四个方向的网架球形结点进行观测,确保网架位置的准确。合拢时监控测量:为了保证整体提升网架的准确及与外侧环梁合拢的顺利进行,在合拢前对网架最外侧网架球形接点设计的三维坐标采用全站仪坐标测量程序,依据下部已测定十字控制网进行适时观测,调整达到设计及规范规定要求。

四、测量成果

虽然本工程测量难度很大,但施工过程中遵守了先整体后局部、高精度控制低精度工作的程序,即首先测设一级场区导线控制网,依据场区控制网测设建筑物平面控制网及内部平面控制网,依据建筑物平面控制网进行细部平面放线。在测法上采取了科学、简捷、精度合理的工作原则。即选用了先进的智能型具有无棱镜功能的全站仪,计算机AutoCAD绘图依据电子版图准确提取测量数据,能够提高测量工作的效率。同时很好地执行了公司的测量验线制度,整个施工过程做到了一次测量合格,在监理公司专业测量工程师的检查中做到了合格率100%,尤其是预埋件安装精度达到了设计要求,确保了工程整体进度和质量目标。

五、施工体会

1.随着时代的发展,建筑物的造型趋向多样化和复杂化,势必增加施工测量的难度。对于类似自行车馆的工程使用高精度全站仪进行测设,其效率及精度远远高于普通经纬仪和水准仪。

2.对于复杂曲线,通过计算机AutoCAD绘图和依据电子版图准确提取测量数据,能够提高测量工作的效率和精度,对于解决不提供曲线方程的复杂曲线更是具有独特优势。另外将计算机和全站仪进行连接,在解决复杂问题时效果将更加突出。

3.对于像本工程这样难度较大的工程测量工作,制订合理的测量方案对于保证测量精度和效率尤为重要。

4.一个良好的制度是做好工作的根本保障。本工程施工测量中,严格落实了测量工作"三级管理"、"层层校核"的管理办法,即项目部测量完毕后,由公司进行验线,合格后可报监理验线,严格的工作程序及管理制度有力地保障了工程进度和质量。

老山自行车馆绿色工程技术

◆ 王生辉，罗 莹

(中国新兴建设开发总公司，北京 100039)

摘 要："绿色奥运、人文奥运、科技奥运"是奥运工程建设的三大理念，老山自行车馆工程从规划、设计、施工等各个环节入手，在节能设计、材料、设备选型、施工方法选择、资源节约与可再生利用、施工现场环境保护和优化等方面采取了一系列的措施，取得了良好的实施效果。本文就是对本工程绿色工程技术应用的具体总结。

关键词：绿色工程；四节一环保

一、绿色设计

1. 采光屋面

主赛馆金属屋面中心设有 2000m² 的双层聚碳酸酯板采光屋面，聚碳酸酯板采用以色列进口产品，透光率达 12%，通过自然采光完全可以满足白天常规训练的光线要求，大幅度减少灯具照明产生的能源消耗(图1)。

2. 自动开启天窗

采光屋面设置 36 樘自动开启天窗，可根据电脑模拟设定的环境状态在不同阳光照射强度、温度和气候条件下自动开启和关闭，遇到火灾时可自动开启排烟，兼起采光、通风和排烟的功能，具有"呼吸"的功能(图2、图3)。

3. 自然通风系统

主赛馆大厅下部设自然进风口并辅助机械进风系统，

图1 采光屋面使用的聚碳酸酯板

屋面设置自动开启天窗,充分利用自然通风,可替代强制新风量约 20m³/h。

4.变风量空调系统

赛场及观众席采用变风量空调系统,可根据赛场使用状况调节风量,赛场停用时可以调整到值班状态,过渡季节可全新风运行,大幅度节约了能源。在运动员休息室、数据机房、部分管理办公用房采用一机多联空调系统,室外机采用数码涡旋压缩机,空调系统负荷在 0%~100% 范围内均可调节且无电磁干扰。

5.太阳能热水系统

通过设置联集管式太阳能集热器,达到利用太阳能辐射热使水加热。在场馆北侧裙房屋顶上设置了80组 SLL-1200/50 的太阳能热水器与辅助热源共同作用,提供了运动员休息室淋浴和比赛训练集中淋浴所需的热水。SLL-1200/50 型集热器(50支管),集热面积为 5m²/块,80块集热器总集热面积为 400m²,北京平均每天太阳辐照量为 20MJ/m²,太阳能热水系统的效率为 50%,平均每天提供能量为 4000MJ,供热量为 1110kW,场馆淋浴总耗热量为 550kW(图4)。

6.低温地板辐射辅助采暖系统

比赛内场设有低温地板热辐射辅助采暖系统,在赛后使用模式下,有效降低采暖及空调能耗。其总耗热量约 400kW,相对节约率约 20%(图5、图6)。

7.外围护结构保温节能设计

玻璃幕墙采用低辐射镀膜中空玻璃(k 值小于 2.0W/(m²·K),Sc 值小于 0.45)、外围护墙采用挤塑式聚苯板保温,提高外围护结构的保温隔热性能,降低采暖及空调能耗。

8.绿色环保灯具

主赛馆高大空间处均选用发光效率大于 90lm/W 的高功效的气体放电灯;赛场照明控制系统具有清扫、进场、退场、训练、俱乐部级比赛、国内比赛、国际比赛、彩色电视转播、高清晰电视转播比赛等多种模式,可随时根据使用条件进行调节,在满足转播要求的前提下能耗降低 25%;办公区等场所安装 3250lm 高显色的 T8 荧光灯,并使用功率因数大于 0.9 的高效电子式和节能型电感式镇流器。比同类工程能耗降低 35%。

9.光伏供电技术

广场路灯和草坪灯照明系统使用光伏供电技术,拟采

图2 自动开启天窗

图3 屋面自然采光效果

图4 联集管式太阳能集热器

用50套,年节约电能约27375kWh。

10. 新型低功耗干式电力变压器

采用SBC10新型低功耗干式电力变压器,全部8台变压器共8100kVA,平均损耗较普通干式变压器降低了23%。采用带自动补偿的无功功率补偿电容器组和抑制高次谐波的电源滤波装置。所有蓄电池均选用免维护的高效、环保的蓄电池组。充分利用体育建筑用电负荷的特点,发挥电力变压器的过载能力,安装容量为4500kVA的变压器。

11. 能源系统及高效智能管理技术

如采用变配电设备监控和建筑物设备监控系统管理三个变电所和制冷机房,可节约能源约15%;主要功能用房(包括多功能厅、报告厅和会议室)等使用智能型照明控制系统;场馆内大型风机、水泵设备广泛采用软启动和变频拖动等节能技术,其中共有264kW的电动机的综合节能率达到38%;所有的空调采暖系统均设有温度控制环节,在满足室内舒适度的情况下,可有效杜绝能源浪费现象;空调系统控制均纳入楼宇控制系统,可根据冷量动态变化实时调整冷水机组负荷,达到节能目的。

12. 清水混凝土

主赛馆一层外圈24根直径1.3m圆柱,二层交通平台650m² 的外垂板设计采用饰面清水混凝土做法,混凝土构件拆模后直接达到装饰美观的效果,从而取消了面层装饰做法,避免了生产装饰材料的资源消耗和装饰施工可能带来的环境污染。

13. 高效钢筋与预应力技术

本工程直径不小于18mm的钢筋都采用HRB400级钢筋,共计3500t。HRB400级钢筋的应用提高了钢筋使用效率,降低了用钢量,减少了钢材生产过程中的原材料及能源消耗。

主赛馆和裙房主体结构均采用了有粘结预应力和无粘结预应力成套技术,使建筑设计中的"无缝建筑"概念得以实现,突破了规范中超长构件60m左右一道变形缝的要求。在避免了变形缝处理的各种材料使用和变形缝构造处质量通病的同时,温度预应力筋的合理设置也大大降低了结构产生裂缝的可能,提高了建筑装饰材料选用的范围,减少了防治裂缝的投入。预应力技术的应用提高了结构的综合使用效率,有效地控制了构件的截面尺寸,减少了资源的浪费。

图5 地暖管

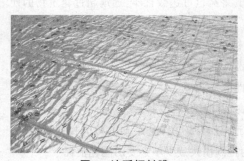

图6 地暖辐射膜

图7 摇摆人字柱

14. 球铰体系铸钢支座及巨型摇摆人字柱

铸钢支座为一可动铰支座，约2000t重的钢屋盖系统可在预测外荷载作用下，以支座为中心摆动，从而消除外力与结构刚度之间的矛盾，也就大大减少了钢材用量及系统抗变形做法带来的构造措施（图7）。

15. 亚麻地面

亚麻地板是由再生亚麻、天然色素、软木粉、矿物质、亚麻水泥、亚麻籽油、松香等组分生产的纯天然地面面层材料，表面经UV天然共聚物处理，使用寿命长，无须进行打蜡抛光，可节省30%左右的维护成本；简化清洁程序，可节约高达50%的水资源和洗涤剂；亚麻地板的组分均为纯天然材料，环保性能优异，并可回收利用。

16. 强化复合地板

强化复合地板是以硬质纤维板、中密度纤维板、刨花板为基础的浸渍低胶膜贴面层压复合而成，表面再涂三聚氰胺和三氧化二铝等耐磨材料。具有节约材料、清洁简单、回收利用率高等优点。

17. 矿物绝缘电缆

矿物绝缘电缆是一种无机材料电缆。电缆外层为无缝铜护套，护套与金属线芯之间是一层经紧密压实的氧化镁绝缘层。在本工程消防负荷供电系统中应用。

(1) 环保特性：电缆是由无机材料制成，它不会放出任何烟雾和有害气体，而相比之下，传统的电缆（包括阻燃、低烟低卤、低烟无卤和其相应的耐火电缆）在着火、被火烧或长期过载绝缘受损时烟雾和有害气体都会存在。聚氯乙烯绝缘电缆的烟雾中有大量的CO、CO_2和氯化物，其他电缆的烟雾中还会含有溴化物、氟化物和硫化氢，这些物质对人的危害是很大的。根据美国海军工程标准NES 713提供的数据，一些有害气体很少量就会造成人体的极大伤害。含氯化物的电缆燃烧时产生HCl气体会使弱电系统损坏。

(2) 安全及电气性能特性：过电压方面，传统电缆在超过其极限耐压值发生意外时被击穿，绝缘层被损坏，电缆必须更换，而矿物绝缘电缆击穿的是击穿处的空气电离作用，氧化镁熔化后成分不会改变。所以矿物绝缘电缆在耐过电压和性能稳定性方面远优于传统电缆。在防水、防爆方面，矿物绝缘电缆是最安全的电缆。由于其护套是无缝铜管，水、油和气体不会渗透到电缆内部，在有腐蚀性的特殊场所可加装PVC护套，多种的防护措施使其有极高的安全性。在耐机械损伤方面，矿物绝缘电缆可经受剧烈的机械破坏，而不会损害其导电性能，在电缆外径变形到原外径1/3的情况下仍可正常工作。在耐辐照方面，因为其为无机材料制成，材料自身特性稳定，可长期保持较高绝缘电阻，而传统电缆其绝缘层在强辐照下很容易老化，绝缘特性降低出现危险。

(3) 耐久性：常使用电缆寿命是由其绝缘层的完好程度来决定的。塑料电缆中寿命较长的为交联聚乙烯绝缘电缆。在完全正常的使用条件下，最长的使用寿命是40年左右，聚氯乙烯绝缘电缆的使用寿命约为20年。如果出现过载情况，寿命会大幅度降低，如果发生局部火灾，电缆受损还必须更换。按建筑物正常的使用寿命计算，电缆也至少得更换2次，而即使是最小规格的矿物绝缘电缆（其铜护套厚度为0.46mm）其寿命也可达数百年，远远超过建筑物的使用寿命。而实际上电缆也不可能长期在250℃下使用。即使铜护套氧化，其氧化物——氧化铜仍是良导体，对其性能的影响很小。所以，矿物绝缘电缆是一种"永久性电缆"。

18. 赛场灯具智能控制系统

自行车馆赛场灯具配置ABB灯光控制系统，利用不同的控制模式减少不必要的能耗消耗。

19. 消防应急照明系统

本工程消防应急灯具采用光源为高发光率、长寿命的LED发光二极管。该类标志灯还具有运行稳定、维护成本低等优点，比较容易实现集中控制，并与建筑内的火灾自动报警系统联动，为人员疏散指示最佳的疏散路径，其使用性能优于其他光源的标志灯。

20. 建筑设备监控系统

本工程建筑设备监控系统（BAS），采用直接数字控制技术，对全楼的供水、排水、冷水、热水系统水流及设备、公共区域的照明、空调设备及供电系统和设备进行监视及节能的控制。本系统监控中心设在首层,对全楼的设备进行监视和控制。并分别对制冷系统、空调设备进行监视和控制。

自动化系统监控应用范围包括：

(1)空调系统：空调机组、新风机组、送风机组、排风机组等；

(2)变配电系统：高、低压配电柜等；

(3)室内、外公共照明系统；

(4)电梯系统；

(5)冷水系统、热水系统、给水排水系统、中水系统、直供水系统。

本系统通过OPC网络协议和园区BMS集成监控管理系统连接。建筑设备监控系统可对场馆的机电设备进行集中监视及管理,达到对水、电等能源的节约性控制,满足奥运的绿色节能要求。

21.AGR新型管材

丙烯酸共聚聚氯乙烯树脂为新型工程材料,由超微粒子的亚克力弹性体成分充分融合在氯乙烯分子之中产生化学反应结合而成,采用这种新型材料制作的AGR高性能耐冲击供水管,从分子水平到使用性能都比普通塑料管材有飞跃性的进步,具有健康、安全、耐用、节能、环保、经济等优点。

22.新型空调制冷剂的应用

空调设备采用R134a新型环保冷媒替代消耗臭氧层物质(ODS),减少对大气的污染。

23.中水系统

由市政排水集团统一供应满足指标的中水,用于场馆卫生间的冲厕,起到节约水资源的重要作用。

24.节水器具

本工程采用30余套陶瓷芯节水龙头、100余套感应式水龙头、90余套6L坐便器、120余套脚踏冲洗蹲便器。节水器具节水效率为20%~30%。

25.给水系统变频泵

设变频泵在满足使用功能的前提下尽量降低供水压力,使卫生器具配水点处的水压不大于0.35MPa,合理控制卫生洁具出水流量以达到节水10%。

26.一机多联空调系统室外机采用数码涡旋压缩机

数码涡旋压缩机在本工程裙房部分的使用充分考虑了赛时能耗的降低及赛后此部分裙房的利用。同时可达到节能约15%。

27.赛场全空气空调系统

本工程全空气空调系统采用分层、分区设置,看台座椅下的送风及新风给人以舒适的感受。同时自然通风、空气净化技术的运用不仅节约了电能并起到了过滤粉尘的效果。

28.气体灭火系统

IG541药剂的应用在7种常见气体灭火材料中从环保性、保护人员安全性、对设备的安全性能上是最佳的,同时对臭氧层不产生破坏。

29.临时设施的设计

3000临时座椅及大部分附属设施采用临时钢结构和活动彩钢板房等设施,充分考虑可循环利用的原则,使用再生或可再生材料制作,赛时满足功能,赛后可拆除重复利用,提高了资源重复利用率。

30.园林景观

本工程的园林绿化以创造优美的绿色环境为基本目标(绿地率27.16%),实现与周围环境的协调,强调整体性、统一性,以达到最优的生态和景观作用。

(1)场馆采用新型、有效防止供水管网泄漏,管网漏失水量控制在10%之内。

(2)部分景观照明采用太阳能照明。

(3)林荫广场采用水泥透水砖面层,垫层用中砂,基层用天然砂粒,可回渗雨水,经管道收集后,汇入附近原有砂石坑回渗地下。室外林荫广场面积约11686m^2,平均每年补充地下水约3321m^3。

(4)停车场采用嵌草砖面层,提高绿化率。

(5)利用低矮灌木或地被植物进行园路及花园设施设置,提供一定的游览和游憩空间的复杂屋顶绿化。

(6)采用生物防治手段。

(7)雨水有组织回收,通过市政管网排入现场北侧雨水回灌坑,回渗地下。

31.建筑声学设计

(1)本场馆的噪声控制设计从建筑方案设计阶段开始,并与音质设计、扩声设计同步进行。

(2)赛馆采用吸声棒、木质吸声板等经济适用的降噪措施,解决了比赛场馆对外环境的噪声影响。

(3)屋面系统设隔声层,部分网架构件喷涂隔声涂料,大大改善了外界噪声对场馆正常运行的影响。

(4)比赛场馆及其附属房间的通风空调管道安装减振消声设备,且保证通风顺畅和功能需求,各进出风口噪声符合相关标准。

二、绿色施工

1.粗直径钢筋直螺纹机械连接技术

直径不小于18mm的钢筋采用剥肋滚压直螺纹机械连接,接头共计47125个。该技术提高了钢筋连接效率,减少了钢筋损耗,同时避免了焊接等方法对环境和人体产生的危害。

2.新型模板及脚手架应用技术

(1)清水圆柱采用平板玻璃钢模板体系,不仅达到了很好的观感效果,同时与传统锹、木模板体系相比,节约了木材,避免了施工噪声污染,玻璃钢质量轻,人工即可搬运,施工的安全性也大为加强,在进一步优化的基础上具有良好的推广价值。

(2)轨道式移动高空作业平台应用技术

在巨型屋盖钢网壳施工时专门设计了焊接球空间网架型高空作业平台两座,高20m、长8m、宽4m,采用标准铁道钢轨和枕木架设直径约170m、周长500m的环形轨道,平台随环形轨道移动逐段进行钢结构施工。此空间网架作业平台采用人力绞磨动力,不消耗能源,同时多次重复使用,大量节约了搭设脚手架的钢管和扣件。

3.清水混凝土施工技术

首层外围24根圆柱和二层交通平台垂板采用清水混凝土施工技术,达到了饰面清水混凝土效果,免除了装饰层,表面涂刷保护剂即可交工;其余混凝土结构构件也达到了结构清水混凝土的质量标准,免除了抹灰工序。该技术的应用节省了大量装饰做法带来的资源浪费和环境污染。

4.混凝土养护技术

混凝土养护中采取了控制用水量的措施,梁、板、柱、墙均采用了覆盖塑料薄膜保湿养护的措施,尤其是看台环墙也采取了双面覆盖塑料薄膜的方法,节约了用水量。

5.钢结构CAD辅助设计制造技术

所有钢构件均采用CAD辅助设计技术。对钢结构构造节点,尤其是球节点部位采用了计算机CAD技术进行设计,抛弃了原来纸上绘图和现场放样等耗时、耗物的做法,提高了钢构件制作和安装的精度,减少了钢材的损耗。

6.巨型钢网壳外扩法拔杆群接力转换提升技术

钢网壳先在7m平台组拼出中心单元,然后通过设置三圈拔杆接力提升,在提升过程中逐圈外扩拼装。拔杆采用人力绞磨提供动力,不消耗能源;采用该方法,钢网壳的施工不影响周边其他工序的施工,大大提高了施工速度,节约了周转材料的投入费用。

7.施工管理信息化技术

办公区建立区域网进行资源共享并与外界Internet连接;现场设置电视监控系统,现场状况可通过网络传往北京市建委等主管单位;应用多种办公软件进行设计、加工订货、资料管理、预算管理等工作,提高效率和精确率,大大减少了纸张浪费。

三、绿色管理

本工程在现场管理方面始终坚持"四节一环保"(节水、节材、节地、节电,注重环境保护)的指导思想,主要采取了如下措施:

(1)现场临时设施均采用可回收利用的活动板房,现场用水、用电设备均使用节能型产品。

(2)建筑垃圾和生活垃圾,均设置各自的垃圾分类收集设施,尽量利用区域或市政已有的设施进行垃圾集中处置。

(3)施工拆除物应尽可能就地回用;含有害物质的拆除物宜由专业单位负责处置,并经相关部门认可。废弃电池、墨盒及电子废弃物等单独收集。

(4)施工现场合理布置,木工棚采用封闭式吸声结构建造并设置在远离居民处,减少了施工场界的噪声排放。

(5)建成生活垃圾站、工程垃圾站、沉淀池、隔声棚、防尘棚、洗车台、简易洒水车等多个环保设施和购置环保仪器。

施工组织设计的编制及其量化的评价指标

◆ 王滢[1]，王海滨[2]

(1.北京翰时国际建筑设计咨询有限公司，北京 100052；2.中交第一航务工程局有限公司，天津 300042)

摘　要：文章较全面系统地论述了施工组织设计在工程项目施工中的地位和作用，施工组织设计的编制原则、项目与内容、报送程序等建造师和项目经理所关心的问题。同时作者还根据自己的经验总结归纳出了评价一份优秀施工组织设计的量化指标，具有较强的可操作性。

关键词：建造师；施工组织设计；量化评价指标

施工组织设计是指导施工全过程的技术、经济文件，是对施工全过程实行科学管理的重要手段。通过施工组织设计的编制，可以全面分析项目的施工条件，拟定先进的施工方案，确定合理的施工顺序、施工方法、劳动组织，制定技术组织措施，统筹合理地安排工程进度计划；可以预计施工过程中可能出现的各种情况，编制对应的预案；可以把设计与施工、总包与分包、技术与经济、质量与进度、总体与局部、专业与辅助等方面的关系协调起来。实践证明，施工组织设计编制得合理，并在施工过程中认真贯彻执行，就可以使工程的质量、工期、安全达到合同规定的要求，成本得到有效控制。

施工组织设计中的主要内容，又是工程项目投标时编制技术标书的重要内容，对于投标的成功与否，有着重大的影响。因此，编制所承包工程项目的优秀施工组织设计是一名合格注册建造师和项目经理所必备的重要基本功之一。

一、施工组织设计的项目和主要内容

1.编制依据

施工组织设计的编制依据主要应包括以下四方面的内容：

(1)工程项目的招标文件和中标通知书。

这些是标明该施工组织设计的编制，符合基本建设的合法程序，是该施工组织设计编制的合法性文件依据。

(2)设计文件。

应包括工程项目施工图阶段的设计文件：施工图纸及施工图设计说明书，项目的施工技术规格书。这些设计文件是编制施工组织设计中工程量的计算、工程总体部署和主要施工方案拟定、进度和工期安排、各项资源配备以及项目部组织管理机构设置等的依据。

(3)执行的技术规范、规程和标准。

这些是施工组织设计编制的技术依据，是控制和保证工程质量、制定各项保证施工安全措施的技术依据,是工程竣工验收和质量检验评定的依据。

(4)编制说明。

主要表明所编制的施工组织设计对招标文件和中标通知有关工程的工期、质量以及其它要求的响应和承诺等。

2.工程概况

工程概况包括以下主要内容：

(1)工程项目的主要情况：工程地点、范围、坐标系统、工程主体的结构型式、主要工程数量、业主对工期及质量要求等。

(2)自然条件：工程所处地的水文条件(水深、潮位、潮流、波浪、泥沙运动等)、气象(气温、风,特别是台风、雾、雨的统计、年海上有效作业天数);施工船舶抛锚作业条件;工程地质条件,工程范围地质钻探及试验成果资料等。

由于港口与航道工程施工受自然条件影响很大,所以必须充分掌握施工区的水文、气象、地质条件,必要时应予复测。

(3)工程所处地区的技术经济条件：船机设备的社会资源情况,劳动力市场情况,钢材、水泥、木材、砂、石料等大宗材料的市场供应条件,水、电、交通状态等。

(4)工程特点的分析：根据该项目的结构型式、施工边界条件、设计文件提出的特殊要求,分析和阐述该工程施工特点、技术难点、施工程序中的关键点及施工中应注意的事项等。

3.施工的组织管理机构

项目部的组织机构设置,项目部的主要成员。现场组织结构合理、与工程相适应,隶属关系明确,各主要岗位有确切、可操作的岗位职责。有组织管理机构设置及管理层次、程序框图。

4.施工的总体部署

根据该工程的特点,组织和选派适宜的施工队伍,配置适合该工程的施工船机设备,科学、合理地拟定工程施工方案和安排施工计划,确保各节点工期和竣工总工期满足业主和合同的要求,并留有一定的余地。具体应包括：施工的组织、施工的总体设想与安排、单位工程和分部、分项工程的划分,工程施工的总流程、施工进度与质量的总体安排与考虑、施工资源的总体配置(施工人员、大型船机设备、材料的组织与运输),大型预制构件的生产、出运下水等。画出施工总流程图。采用P3软件,实施施工的信息化管理。

5.施工总平面布置

根据现场踏勘、工程设计图纸及招标文件节点工期要求,结合本工程特点,本着交通便利,有利于施工和管理的原则,进行施工总平面布置。绘制施工总平面布置图。

6.施工测量及试验控制

施工测量的准确性和试验检验控制,是保证工程质量的重要措施。在施工组织设计中必须在专业人员和仪器设备上给予充分的保证。

施工测量应包括：施工测量流程图、施工基线、水准点布设、海上定位、水上施工高程控制,沉降、位移观测,保证测量准确性和精度的措施,工程施工配备的测量仪器,测量人员的组织。

试验检测控制应包括：试验、检测机构设置,试验检测人力资源的安排,试验检测仪器、设备的配备,试验检测室的布置。

7.主要分项工程的划分及其施工方法

(1)分项工程项目的划分合理。

(2)分项工程的施工方法

主要分项工程的施工工艺成熟、可行、合理、先进。应包括：

概述：即各分项工程的概述,如总的工程数量、设计的特殊要求、施工的特殊情况,分项工程前后的搭接关系等;

流程图：各分项工程的施工工艺流程图;

工艺：各分项工程的施工方法,应按施工工艺流程顺序对主要工序分别叙述;

图示：各分项工程的施工方法中,对关键的工艺做法,应配合文字叙述附有施工工艺示意图。

质量：各分项工程的质量目标和控制标准。

冬季(如果跨冬季)、雨季、夜间施工的保证措施。

防风、防台、防汛预案及措施。

8.施工进度计划

(1)施工进度计划总说明

优秀施工组织设计评价细则(满分70分)

施工总体安排(满分20分)

表1

序号	评定项目	单项分数	评分细则
1	工程及施工条件概述	1分	能根据招标文件、设计文件及现场实际情况进行全面、准确描述。海上有效工作天数统计判断根据充分。
2	工程特点分析	2分	能对工程项目全面分析,突出掌握工程的技术特点及施工难点,明确工程的关键项目、关键工序和制约条件。
3	施工总体安排	5分	合理安排施工进度、节点工期及船机设备和劳动力、材料等的使用计划,做到最大程度的资源优化配置。 施工总体组织管理系统健全、层次明确、责任明晰。
4	施工总平面布置及临时工程	2分	描述具体、明确,符合现场实际情况;总体布置方便施工、安全、合理、经济,并附有施工总平面布置图。
5	施工测量与试验控制	2分	满足规范要求,基线布置满足施工要求;试验、测量仪器配置合理、有效。试验、测量方法先进、准确可靠。测量、试验、检测专业人员配置合理。
6	工程施工总流程	2分	能合理安排施工流程,分项工程之间、前后工序之间的流水、搭配协调、合理。并绘制施工工序流程总框图。
7	施工进度计划	3分	能合理安排各分项工程施工进度计划,优化配置,最大程度地合理利用项目资源,进度计划留有一定的调节余地。
8	船、机计划	1分	根据工程情况,能合理安排船、机使用计划,优化资源配置,创造最大效益。
9	材料使用计划	1分	根据工程需要,合理制定材料使用计划,在保证质量的同时尽量节约材料。
10	劳动力使用计划	1分	根据工程特点,优化人力资源配置,提高生产效率。

主要工程项目的施工方法(满分30分)

表2

序号	评定项目	分项工程	单项分数	评分细则
1	主要分项工程施工方法	基础工程	重力式:9分 高桩:4分	1、分项工程划分科学、合理、均衡,关键工艺配合文字叙述,附有图示。 2、在满足招标文件、设计及规范要求的基础上,施工工艺流程合理,施工方法成熟、先进,质量标准明确、质量目标响应建设单位要求,工效分析及船机设备、人力资源的优化配置等方面符合工程实际、合理,并具有一定的先进性。
2		墙身或桩基	重力式:9分 高桩:12分	
3		上部结构	重力式:6分 高桩:8分	
4		后方回填及面层	2分	
5		附属设施安装	2分	
6		技术方案支持资料	2分	与技术方案有关的鉴定证书、外租场地、船舶、机械的合同或协议等资料齐全、有效、详细。

各项保证措施(满分20分)

表3

序号	评定项目	单项分数	评分细则
1	工程进度保证措施	4分	能根据工程的特点、难点、关键点,从组织船机、物资、人力、技术、防风、防台等方面详细叙述如何保证工程施工的顺利进行,措施具体、有效。 关键线路明确,保证措施得力、落实。
2	工程质量保证措施及冬、雨、夜、高温施工措施	8分	从质量目标、质量管理体系图、质量保证体系、质量管理制度、特殊工序质量控制措施等方面评审。满足招标文件要求,采取措施合理、先进、有效,能直接用于指导施工。
3	安全生产及防风、防台措施	6分	从安全目标、安全管理体系图、安全保证体系、安全管理制度、特殊工序安全控制措施等方面评审,满足招标文件要求。在此基础上,采取措施合理、先进,措施能直接用于指导施工。
4	环境保护措施及文明施工	2分	能够严格按照当地政府和招标文件中对环境保护提出的要求,施工过程中对环境采取完善的保护措施。坚持文明施工的措施具体、可操作。

(2)施工进度计划横道图
(3)施工进度计划网络图

9.工程质量保证措施

(1)质量保证体系

(2)质量创优规划

(3)普遍性、通用的保证措施

(4)针对性、特殊性的保证措施

10.工程进度保证措施

(1)施工管理保证措施

(2)施工组织措施

(3)各项措施的具体实施落实

11.工程与施工安全保证措施

(1)安全生产管理与保障体系

(2)安全生产规章制度

(3)安全管理具体措施及其落实

12.文明施工与环境保护措施

(1)文明施工

(2)环境保护

13.廉洁施工措施

14.劳动力使用计划

15.船舶机械设备使用计划

16.主要材料使用计划

二、施工组织设计的编制

1.施工组织设计的编制原则

施工组织设计的编制,应贯彻统筹兼顾、统一规划的原则,充分体现和满足施工合同的总体要求,力求达到技术先进、措施可靠、组织严密、关系协调、经济合理。

2.编制施工组织设计的调查研究

施工组织设计的编制,应当在充分调查研究的基础上进行。应当在全面、深入研究施工合同条件、设计意图和设计文件内容,踏勘、调查和分析现场施工条件的基础上,从拟建工程施工全过程的人力、物力、时间、空间、技术组织等五个要素着手进行编制。

3.施工组织设计的特点和针对性

施工组织设计的编制,应当针对工程的特点、施工的难点,技术关键,安排和采取有针对性的组织、技术、经济措施。施工方案力求技术先进、科学合理、安全可靠、经济合理。

4.施工组织设计的编制和报审程序

施工组织设计应在宣布中标之后,在项目经理的领导下,由项目总工程师具体组织项目经理部的有关人员分工协作进行编写,由项目总工程师统一汇总、协调,以保证整个文件各项内容的全面性、统一性、正确性和相互关系的协调性。

实际上,施工组织设计的主要内容在投标标书的技术标中已经大部分都包括了,可以在此基础上进一步深化、调整和补充,使其更加具体和具有可操作性。

施工组织设计编制完成并经项目经理审查后,应报企业审定并经企业法人代表签发批准后,在工程开工前,报送建设单位和监理单位。所报送的施工组织设计,经监理工程师审核确认后,即可正式开工。

5.施工组织设计的交底

项目经理应组织项目部的相关人员就施工组织设计进行全面的技术交底,认真学习、讨论和理解,并制定贯彻落实施工组织设计文件的具体措施。

三、施工组织设计的评价

根据以往多个工程投标过程中,评标专家对技术标中相当于施工组织设计部分内容的评价意见,以及多年来结合工程实践对施工组织设计的学习和比较,综合归纳出对施工组织设计力求量化的评价指标列于表1、2、3中,以供编制中参考和抓住重点。

从表列的主要项目各自在施工组织设计整体中所占的分值和权重,即可以明确一份优秀的施工组织设计的重点所在。在这些重点内容上,必须充分考虑其技术的先进性、经济的合理性、操作简单可行性。

根据笔者所见,无论是作为投标技术标书的主体内容还是参与施工组织设计的评比,实际上几份乃至十几份有经验、合格的施工组织设计经过专家们评审下来,彼此之间的分数相差十分有限,所差的关键在"细节"上。人们常说的"细节决定成败",就在这相差的几分里被彰显得淋漓尽致。在某种意义上来说,一个合格的、优秀的注册建造师应当练就在施工组织设计编制的细节上取胜的硬功夫。

研究探索

珠海市城市污水再生利用调查研究

◆ 但秋君[1]，张　智[2]，张显忠[2]

（1. 珠海市规划设计研究院，广东 珠海 519000；2. 重庆大学城市建设与环境工程学院，重庆 400045）

摘　要：本文根据珠海市水资源现状调查结果，总结分析了珠海市供水设施现状存在的主要问题，以及城市污水再生利用的必要性。得出珠海市属于工程性—季节性水质型缺水的城市，其2010年、2020年再生水量为4.5万m^3/d和15.5万m^3/d，分别占同期城市污水处理总量的4.1%和5.5%，再生利用的对象优先选择河流景观生态用水、绿化用水、市政杂用水等，并以珠海市唐家湾新城再生水厂进行了实例分析。最后，作者提出了相关结论和建议。

关键词：珠海市；城市污水；再生利用；调查研究；节制用水

前　言

水是生命之源泉，是人类生活和社会生产不可缺少的重要资源。缺水是世界性危机，中国淡水资源人均占有量更是不足世界人均值的四分之一，属水资源缺乏国家。随着社会经济的发展和城市规模的扩大，水资源匮乏的矛盾日益加深，供水不足成为阻碍许多城市继续发展的普遍问题。为建设节约型社会，相关部门特别强调大力节约用水，积极推广节水设备和器具，大力实施高耗水行业节水技术改造等，其中城市污水再生利用是建设水资源节约型社会中特别重要的环节。2010年南方沿海缺水城市的再生水直接利用率达到城市污水排放量的5%~10%；2015年南方沿海缺水城市再生水直接利用率达到10%~15%，并逐年提高利用率[1]。本文根据珠海市水资源现状进行了大量调研，介绍了珠海市城市污水再生利用的用户及相关措施。

一、珠海市水资源供需现状及存在的问题分析

在城市地区，工业和人口集中，供水地点范围有限，常年持续供水，要求供水保证率高。随着珠海市人口的快速增长、国民经济的高速发展以及人民生活水平的提高，水资源的有限性与用水需求的快速增长之间的矛盾日益尖锐，缺水的形式也日趋多样化、复杂化。

1. 供需水量平衡分析

根据珠海市《澳门、珠海供水安全专项规划报告》[2]，珠海市2010年在来水保证率为97%的条件下，若不增加新的供水工程，年总缺水量为12379万m^3，其中澳门及珠海东区年缺水量6822万m^3，珠海西区年缺水量为5557万m^3。2020年，在来水保证率为97%的来水条件下，由于需水量的增加，若不增加新的供水工程，年总缺水量为26754万m^3，其中澳门及珠海东区年缺水量16679万m^3，珠海西区年缺水量为10075万m^3。

2. 珠海市水资源供需现状存在的问题

根据珠海市水资源供需现状调查总结，主要有以下几个方面的问题[3]。

（1）咸期供水的安全性有待提高

珠海城市供水受咸潮的影响在不断加大，咸潮供水日趋紧张。珠海是一个海滨城市，由于水源丰枯季节明显及特殊的地理条件，每年10月至次年3月，

江河水位降低,河口海水倒灌,作为城市供水水源的西江水系氯化物超标,水质呈咸味,即"咸潮",严重影响工业生产及生活饮用,需利用水库蓄水进行源水冲兑、调节处理,形成珠海特殊的咸期供水模式。

(2)供水设施的规模已不能满足发展需要

根据测算,至2010年,珠海全市净化水的需求量为142万m³/d,其中主城区为89万m³/d,西部城区为51万m³/d。而目前珠海市主城区水厂的生产能力为40万m³/d,西部诸水厂的生产能力为22万m³/d。若以现状产水能力计,则届时全市净化水量缺口为80万m³/d,其中主城区缺口为49万m³/d,西区缺口为30万m³/d。目前,主城区中的南湾片区和新香洲片区已出现了供水紧张的局面。

(3)取水口位置不尽合理,取水水源受到污染

澳门、珠海供水系统的取水口分布在磨刀门水道联石湾以下河段,距离出海口不到20km,枯水期上游流量减小,咸潮上溯覆盖了沿江取水点。20世纪90年代以来,连续发生了四次严重的咸潮。前山河是珠海市污染控制的重点河流,是市区通往内地的主航道之一,担负着交通航运、农灌、工业用水、渔业捕捞等多种功能。根据水功能区划,前山河水质控制目标为Ⅳ类水。

(4)输水系统不完善,管网建设尚待加强

目前,珠澳供水系统的输水系统路径单一,泵站取水能力、向水库输水和向水厂供水能力不配套。即使取水泵站最大负荷运行,受输水管道输水能力的限制,也无法获取更多的淡水,成为取淡、蓄淡的瓶颈,制约了现有设施的抢淡能力。

综上所述,珠海市的缺水属于工程性—季节性水质型缺水

二、珠海市城市污水再生利用的意义

1.提供新水源,建立珠海市第二供水系统

据统计,在城市用水中只有三分之一的水直接或间接饮用,其他三分之二理论上可以由再生水代替。加上河湖等所需的环境生态流量,污水再生利用的潜力会更大,可以缓解城市对新鲜水的需求。为了解决水资源供需不平衡、建立节约型社会,应进行开源节流,其中城市污水再生利用具有其他节水和开源工程所无法比拟的优势,污水再生利用给珠海市提供了新水源。

2.城市污水再生利用是珠海市城市性质的内在要求

珠海市1999年获联合国人居中心颁发的"改善人类居住环境最佳范例奖",近年相继荣获"环境保护模范城市"、"园林绿化城市"、"人居环境最佳城市"等称号,因此对环境也有更高的要求。目前珠海市内的部分河流污染严重,管网建设滞后,部分污水直接进入一些河流、小溪,河水发黑发臭,严重地影响了人们的健康生活和城市形象。因此,加快污水处理设施建设,将部分城市污水再生利用于河道景观,美化城市环境,是珠海市城市性质的内在要求。

3.节省水资源建设与水环境治理投资

城市污水在城市水资源规划中占有非常重要的地位,并且与开发其他水资源相比,具有非常可观的经济优势,它可以节省水资源费和巨额远距离引水的管道建设费和输水电费。珠海市已规划的乾务水厂、黄杨泵站及配套管线扩建工程总投资4亿元,广昌泵站水源管工程0.9亿元,南区水厂(一期)2.27亿元。而城市污水再生利用与外环境调水、远距离输水和建新水厂相比,只需污水厂一次基建投资和运行费,降低了新建水厂的造价和制水成本,大大减少了输水管线的基建投资和运行费用。此外,城市污水再生利用在解决水资源短缺的同时,水环境污染也得到了改善,使有限的资金得到更高效的利用。

4.保护、改善和恢复城市水环境

城市污水再生利用为珠海市水环境的改善提供了一个契机。城市污水处理厂污水再生利用所追求的不只是经济利益,还可兼顾环境效益和社会效益。目前,欧美发达国家再生水使用率在50%以上,广泛应用于工业用水、城市绿化景观用水、生活杂用水、农业灌溉。

三、珠海市城市污水再生利用调查研究

1.珠海市城市污水处理厂现状

珠海市已建污水处理厂5座,均分布在主城区,2010年、2020年5座污水处理厂总处理规模分别为41.3万m³/d和76.8万m³/d。并于2007年底将建成斗门井岸污水处理厂,是珠海市西部地区第一座生活污水处理厂,

2010年处理规模为2.5万m³/d，2020年处理规模20万m³/d。珠海市现状城市污水处理厂设计规模如表1。

2.珠海市再生水潜在用户调查

随着城市化进程的加快、城市规模的不断扩大、综合水价的上涨，城市市政用水量将不断加大，市政用水费用也将逐年上升。在城市建设和日常维护中需要大量的再生水，如市政养护部门的道路冲洗、洒浇，园林部门的城市绿化浇灌，城管部门的公厕冲洗、车辆清洗以及城市水景及消防等用水，在我国其他城市已经相继有较多的工程实例。通过对珠海市香洲、金湾和斗门等片区的工业、农业、市政杂用等用水进行调研，分析调查结果得出，2010、2020年珠海市不同用户对再生水潜在需求量如表2。

珠海市污水处理厂现状一览表（2006年）　表1

污水处理厂	污水处理工艺	设计规模（万m³/d）		
		2005	2010	2020
吉大污水处理厂（一期）	传统活性污泥法	4.8	4.8	4.8
吉大污水处理厂（二期）	ZT廊道交替池			
香洲污水处理厂（一期）	帕氏维尔氧化沟	8	13	13
香洲污水处理厂（二期）	Orbal氧化沟			
拱北污水处理厂（一二期）	传统活性污泥法	2.8	5.5	11
拱北污水处理厂（三期）	A/A/O	8	8	8
南区污水处理厂	射流曝气工艺	5	5	20
唐家湾新城污水处理厂	Orbal氧化沟	5	5	20
合　计		33.6	41.3	76.8

珠海市不同用户再生水需求量（单位:万m³/d）　表2

用户＼规划年份	2010年	2020年
河流景观生态用水	2.73	9.24
绿化用水	2.6	3.99
其中：公共绿地	2.45	3.72
生产绿地	0.15	0.27
工业用水	0.752	7.37
市政杂用水	3.127	5.07
其中：环卫用水	1.7	2.5
建筑施工用水	1.42	2.55
洗车用水	0.007	0.02
总需水量	8.69	25.67

从表2可以看出，珠海市2010年不同用户对再生水理论需求总量为8.69万m³/d；2020年为25.67万m³/d。由于珠海市目前城市污水再生利用率较低，考虑到再生水管网系统建设的艰巨性、复杂性，部分用户短期内使用再生水难度较大，因此，适应性分析如下。

(1)河流景观生态用水

由于珠海市2010年城市污水处理厂主要集中在主城区，香洲污水处理厂、唐家湾新城污水处理厂、吉大污水处理厂、拱北污水处理厂附近均有河道，旱季时无水河流环境较差，因此，可利用上述污水处理厂的再生水作为补充水源，但横琴新城、西区等的河道距离现有污水处理厂较远，可逐步利用再生水。2010年河流景观生态再生用水量为2.0万m³/d；2020年河流景观生态水用量为7.0万m³/d。

(2)绿化用水

绿化用水中，2010年在前山、上冲与中山市交界处的西部边缘一带、洪湾等地安排生产绿地，由于该处现无污水处理厂，污水再生利用难度较大。此外，公共绿地由于分布区域较广，暂时较难全部供应再生水。因此，考虑其用于绿化的再生水用量：2010年用水量为1.5万m³/d；2020年用水量为3.0万m³/d。

(3)工业用水

工业用水中，其工艺及冷却用水水质要求较高，再生水处理费用较高，与自来水价相比不占优势。此外，由于珠海市现有工业分布在西区的较多，且已建有一定规模的原水供给管网，再生水管道未建且用水价格没有改变的情况下难以被厂家利用。因此，2010年不单独考虑工业再生用水量，仅对距离污水处理厂较近且用水水质要求不高的用户供应。2010年工业再生水用量为0.1万m³/d；2020年工业再生水用量为2.0万m³/d。

(4)市政杂用水

市政杂用水中，由于珠海市洗车行业用水和建筑施工用水较分散，洗车点较多，短期内使用再生水难度较大。因此，不单独考虑洗车行业和建筑施工再生用水量。再生水冲洗厕所时，城市公厕分布较分散且受到管道系统的限制，考虑其再生水用量为：2010年用水量为1.0万m³/d；2020年用水量为3.5万m³/d。

研究探索

珠海市城市再生水厂布局规划(单位:万m³/d)　　表3

再生水厂 \ 主要特征	供水范围(2010年)	供水规模(万m³/d)		供水干管长度(km)	
		2010年	2020年	2010年	2020年
香洲再生水厂	香洲城区,主要包括区域内的再生水厂附近的一条河道景观用水,再生水厂附近的两块公共绿地及部分市政杂用水	0.6	2.5	6.0	12
唐家湾新城再生水厂	唐家湾城区,主要包括区域内的河道景观用水、再生水厂附近的两块公共绿地及部分市政杂用水	1.0	3.0	8.0	21
吉大再生水厂	珠海市中心城区,主要包括区域内两条河道景观用水、再生水厂附近的一块大型公共绿地及部分市政杂用水	0.8	2.5	9.4	22
拱北再生水厂	珠海市中心城区,主要供给区域内的一条河道景观用水,再生水厂附近的两块公共绿地及部分市政杂用水	0.6	2.5	9.5	18
南区再生水厂	供给南湾城区的保税区等三条河道景观用水、绿化用水及部分市政杂用水	0.7	2.5	4.9	19
斗门井岸再生水厂	主要供给斗门井岸再生水厂附近的几条主干道路浇洒等以及部分绿化用水	0.8	2.5	9.6	16

根据现状及规划,珠海市城市污水处理厂规模:2010年110万m³/d,2020年281万m³/d。考虑到管网渗漏等因素,2010年再生利用水量为4.5万m³/d,占同期城市污水处理总量的4.1%;2020年再生利用规模为15.5万m³/d,约占同期城市污水处理总量的5.5%。

四、珠海市城市污水再生利用系统布局及方案研究

1. 珠海市城市污水再生利用系统总体布局研究

珠海市的城市污水厂原先设计大都没有考虑污水再生利用因素,大部分水厂位置都在城市水系的下游。因此,珠海市的再生水厂应在已有或规划的污水厂基础上,根据《珠海市近期建设规划-排水系统规划图》所确定的污水处理系统,并综合考虑再生水用户的分布、预测再生用水量、再生水利用距离、地形地势等因素。

本方案将珠海市城市再生水系统划分为6个系统,主要沿再生水厂周边铺设管道供河流景观生态用水、绿化用水、市政杂用水等大用水量,部分分散用户(如洗车、道路浇洒等)难以铺设再生水管网系统的,可以采用洒水车等输送工具解决。2010年、2020年珠海市城市污水再生利用可按现有城市污水厂规划设计如表3。

2. 珠海市城市污水再生利用技术的方案评价

污水再生利用技术方案的评价必须多方面比较,确立合适的评判指标。污水再生利用技术方案的评价指标包含技术可行性、工程建设、经济指标、环境影响和污水再生利用出路五方面。建立的指标体系如表4,并按照专家评判法步骤,挑选专家进行指标评分。

通过对调查数据采用数学平均法处理,分别算出数据的平均值、方差、标准差、离散系数和可信度,数据整理后如表5。

从表5可以看出,污水再生利用的出路、工程总投资(再生水设施和管线)、运行费用、工程建设实施难度等在污水再生利用评价时都是比较重要的因素。因此,在实施珠海市再生水工程方案比较时,可参考此权重系数进行方案比较。

评价指标结构体系表　　表4

总指标	一级指标	二级指标
城市污水再生利用	技术可行性	再生水处理工艺
		运行管理
		对市情的适应性
	工程建设	实施的难易程度
	经济指标	总投资(再生水设施和管线)
		运行费用
	环境影响	节约水资源
		水环境保护
	污水再生	利用出路
		河流景观生态用水
		绿化用水
		工业用水

专家评判法评分 表5

指标		评分
技术可行性		0.151
	再生水处理工艺	0.577
	运行管理	0.323
	对市情的适应性	0.100
工程建设	实施的难易程度	0.220
经济		0.222
	总投资(再生水设施和管线)	0.445
	运行费用	0.555
环境影响		0.185
	节约水资源	0.593
	水环境保护	0.407
污水再生利用出路		0.222
	河流景观生态用水	0.304
	绿化用水	0.251
	工业用水	0.224
	市政杂用水	0.221

唐家湾新城再生水厂工程量与投资 表6

项 目		估算值	备注
总供水规模(万 m^3/d)		1.0	
供水干线长度(Km)		8.0	
总投资(万元)	管网投资	419	DN300
	再生水厂投资	200	
	总投资	619	
单位水量投资/元($m^3·d$)		619	不含药费和电耗

3.城市污水再生利用的经济性及实例分析

(1)城市污水再生利用的经济性

目前城市污水二级处理投资大约在900~1400元/($m^3·d$)水,在此基础上的再生处理约400~600元/($m^3·d$),加上管网配套总计600~1000元/($m^3·d$),形成40亿m^3水源的投资大约在100亿元左右。而形成同样规模的长距离引水,则需600亿元左右,海水淡化则需1000亿元,可见污水再生利用在经济上具有明显优势[6]。

珠海市水价近10年分别于1997年和2005年进行过调整,2005年12月1日以来,居民用水价格为1.58元/m^3,工业用水价格为1.65元/m^3,商业用水价格为2.30元/m^3,建筑业用水价格为2.50元/m^3,且随着水资源的紧缺,水价将有可能进一步上涨。因此,城市污水再生利用有着很大的市场空间。

(2)实例分析

珠海市唐家湾新城污水处理厂的二级出水执行国家《城镇污水处理厂污染物排放标准》(GB 18918—2002)一级B标准要求,针对其潜在用户情况,可采用二级出水—砂滤—加氯处理—再生出水工艺进行深度处理,再生水的出水执行景观环境用水标准[7]。根据其铺设的管道、再生处理构筑物等,其工程量投资估算如表6。

五、结论与建议

(1)珠海市是工程性缺水与季节性水质型缺水并存的城市。实施城市污水再生利用工程是缓解珠海市水资源供需紧张矛盾的有效途径之一。

(2)珠海市应实行优水优用、低水低用的政策。现阶段城市污水再生利用,应把重点放在分质供水和用水量大的集中用户上。

(3)珠海市城市总体规划应包含城市污水再生利用的发展目标、布局及用地。城市污水厂的建设应与污水再生利用一并考虑,加强处理技术的改进,保证出水水质。

(4)要进一步健全水资源合理配置的经济政策,以利于再生水的推广。

(5)加强宣传,使人们充分认识到污水是一种稳定可靠、可再生利用的水资源。通过对节水型社会建设的宣传,增强全民的节水意识,有效遏制浪费水资源的现象。

参考文献:

[1]中华人民共和国建设部、科学技术部.城市污水再生利用技术政策.2006.

[2]中水珠江规划勘测设计有限公司.澳门、珠海供水安全专项规划报告.2006.

[3]珠海市城市规划设计研究院.珠海市城市总体规划(2005-2020).2003.

[4]广州市环境保护科学研究所.珠江流域环境保护"十一五"规划.2005.

[5]沈光范,徐强.积极稳妥地开展中水回用工作.中国给水排水,2001,17(14).

[6]王鹏飞,李捷,张杰.深圳特区水资源的可持续利用.给水排水,2002,28(2):21-23.

[7]中华人民共和国建设部、科学技术部.污水再生利用工程设计规范(GB 50335—2002).2003.

民营建筑企业人力资源管理对策研究

◆ 吴向辉

(浙江城建建设集团,杭州 310007)

摘　要:首先从人力资源管理的一般理论与原则出发,结合实践基础和创新经验,提出了民营建筑企业人力资源部门在进行企业人力资源开发时必须贯彻的原则。然后就如何有效解决民营建筑企业人力资源管理目前存在的问题,根据民营建筑企业的一般特点,提出民营建筑企业加强人力资源管理的具体对策。

关键词:民营建筑企业;人力资源状况;管理对策

一、民营建筑企业人力资源管理应遵循的基本原则

为了搞好民营建筑企业人力资源管理,从人力资源管理的一般理论与原则出发,结合大部分民营建筑企业人力资源管理的实践基础并借鉴大型民营建筑企业集团在人力资源管理方面的创新经验,我们认为民营建筑企业在进行人力资源管理时必须贯彻以下原则。

1.战略职能原则

战略的核心在于创造一种独特、有效的定位以获得持久的竞争优势。因此,民营建筑企业必须十分注重战略策划、制定,以及系统的战略管理,包括信息收集与分析、民主论证、高层审核、下发试行到最终确立等多个流程。

在现代企业发展中,人力资源管理部门是企业的战略管理部门之一,企业的人力资源战略必须与企业发展的战略规划联系在一起,并成为企业战略规划的核心之一。只有落实并长期坚持人力资源战略才能保证企业的其他战略的落实和提升企业核心竞争优势。

企业总体的竞争战略是制定人力资源战略的基础,人力资源战略规划,就是对人力资源的需求以及对这种需求得以满足的可行性进行分析,同时还需要对企业内外部环境及其变化情况进行详细的了解,包括市场竞争、劳动力构成、工作模式、宏观政策、宏观经济形势等要素。

在战略的落实过程中必然会存在许多阻力,战略与战术的区别之一也在于,战术的效果可以很快地体现,而战略的实施需要时间,同时战略的成功也需要时间。因此,企业的管理者一定要带着战略发展的眼光来部署和落实人才战略,当企业经营管理的眼前利益与战略管理的长远利益相冲突时,一定要清醒头脑,妥善地处理问题。

"十年树木，百年树人"，一个人才的培养与自我成长需要漫长的时间，而一代人、一个企业管理团队、劳务团队的培养也一样需要时间。人力资源开发培训是十分昂贵和消耗大量时间的，同时，需要组织抽调骨干人员离岗脱产培训，这样对企业的资金使用与工作安排存在一定的影响，而且人力资源开发的效果有时也不是"立竿见影"，往往在很长一段时间后，一些培训和开发的效果才能体现出来。员工及管理者在接受培训后，可能不能在很短的时间内掌握和理解培训内容，并且不能马上在现实工作中发挥所学的知识与技能，因此，人力资源培训是个"今日投入，将来回收"的长期性系统工程。

2.实事求是与注重实践原则

民营建筑企业在具有一般的共性的同时，每个企业在企业发展阶段、经营模式、管理手段等方面都不同，具有企业的个性，因此，民营建筑企业人力资源工作也必须实事求是，根据民营企业成长规律理论，民营建筑企业在采用人力资源管理战略时要根据企业生命周期的不同阶段、所面临的外部环境和自身的优势，基于自身利益和可持续发展目标，在有效协调企业和社会相互关系的基础上，从全方位的综合因素出发，审时度势，选择符合企业实际的人力资源管理战略并在合适的时机促进人力资源管理的蜕变。

与传统的学历教育或职业技术教育不同，企业内部的人力资源开发及培训更应该注重实践性与针对性。在设计培训计划前，有必要进行培训需要的考评，尽管考评培训需要十分重要，但许多公司在开发培训方案时常常跳过这一重要的步骤。培训者经常只是因为某个培训方案很"热门"或是"时尚"而忽视组织的需要及员工的需要来选择和设计培训方案，当发生这种情况时，培训方案注定会失败。

一般来说，当出现下列情况时存在培训需要：①员工的工作行为有些不恰当；②员工的知识或技能水平低于工作要求；③这些问题能够通过培训被纠正。

因此，培训工作应紧紧围绕企业生产经营管理，必须对生产和管理具有很强的针对性与实践性。培训的材料必须与参加者的工作内容及发展方向相关，具体的培训方案必须包含帮助参加者学到有效的工作绩效所必需的知识、技能和能力方面的材料和练习。

3.全员综合开发和重点培养相结合原则

企业的综合竞争力是员工个人的胜任能力、核心业务、企业文化、财政实力及业务流程的结合体。随着我国经济的快速发展，资金瓶颈与资源瓶颈将逐渐趋于次要地位，而员工的胜任能力是否能够满足企业发展的需要，将成为未来最为主要的问题。因此，努力建立学习型组织将成为我国企业的管理重点。它要求企业在日常的管理活动中，实行以能力培养、技能培养为主要内容的职业培训体制，并逐步完善能力培养与潜能开发的有效结合，使人力资源成为提高企业的应变能力、创新能力的可持续资源。

全员开发是有计划、有步骤地对企业所有在职员工及管理者进行教育和训练，这是企业提高员工素质、提升核心竞争力的客观要求。但是，在培训资源有限的条件下，在进行全员开发时，又要分清主次先后、轻重缓急，制定规划，分散进行不同内容、不同形式的开发。在全员开发的同时，应重点开发管理人员、专业技术人员等企业急需的人才。

4.主动参与原则

人力资源管理者应当注意到，"成年人能够被命令进入教室并被督促坐在位子上，但他们不能被强迫学习。"为了使人力资源开发效果达到最大化，人力资源管理必须激发员工的主动参与意识与自主学习意识。"培训"并不等于"学习"，"学习"没有固定的形式与内容框架，因此，在"主动参与原则"下，人力资源管理者应当注意以下的要素：

1）专注　无论是培训者或是学员都必须专注于培训内容，培训者必须以适当的方式设计和介绍方案，以求赢得和保持学员的专注。为使受训者专注，必须让他们认识到培训的重要性和相关性。培训者必须说明方案的内容与他们的工作有什么关系，参加课程对他们有什么好处。同时还要经常留出机会让受众参与。比如说，培训者可以向小组提问，让小组成员分析案例，或让他们在不同情形中进行角色表演。如果培训材料的教授方式生动有趣，比如说经常运用事例、语调抑扬顿挫、放录像或适当地借助幽默感，受训者也会变得专心起来。

2）实践　"实践出真知"，不加实践就不能真正掌握及运用任何一项知识与技能。有了实践的机会，受训者能够更加专注学习并学得更好。人力资源开发与培训要起到好的效果,首先要了解并尊重员工对管理者和组织的需要,进一步了解员工需要什么样的培训,相应地开发员工感兴趣并乐意参与的培训计划,这样才能调动员工的积极性,促使员工主动参与、提高学习热情、提高学习效果。

二、民营建筑企业人力资源管理对策

如何有效解决民营建筑企业人力资源管理目前存在的问题?作者根据民营建筑企业的一般特点,以及借鉴已有的建筑企业人力资源管理的相关理论和实际经验,提出以下的具体措施。

1.建立具有战略职能的人力资源机构并有效实施人力资源战略管理

(1)充分发挥人力资源管理部门的战略职能作用

跨入21世纪,人类社会的发展进入了知识经济时代。知识经济时代的重要特点是知识型人才的短缺。每个企业都面临着建立吸引人才的人才战略问题。人力资源已成为社会企业发展的最重要的战略资源,成为比资金、产品等更为重要的资产。人力资源重要性的提升与企业竞争的加剧给人力资源管理者提出了更高的要求,要求他们站在企业发展战略的高度主动分析、诊断人力资源现状,为企业决策者准确、及时地提供各种有价值的信息,支持企业战略目标的形成,并为目标的实现制定具体的人力资源行动计划。于是,战略性的人力资源管理应运而生。随着人力资源在企业竞争中的重要性日益增强,人力资源管理已被提到企业战略的高度来考虑。不仅需要制定远期人力资源规划及人力资源战略,以配合企业总体战略目标的实现,而且人力资源部在企业的许多问题上都要参与决策,其地位和影响日益重要。

根据国外学者P.Wright与G.McMahan的统计,企业中所有人力资源管理活动大约有60%的时间花费在行政性活动上(例如福利管理、人事记录和员工服务等),但人力资源的附加值却很低,只有大约10%;业务性活动(包括招聘和选拔、培训、绩效管理、薪酬、员工关系等)花费的成本与得到的附加值基本相等,都为30%。这些人力资源管理实践活动是人力资源管理职能的核心瓶颈,用来确保人力资源战略的贯彻和执行,所以具有中等的战略值;变革性活动(例如战略调整和制定、知识管理、文化变革、管理开发等)所花费的时间和成本很少,只有10%,但却能给企业带来60%的高附加值。L.Spencer的研究(1995年)也指出传统的人力资源从业者往往将他们的大量精力投入到日常行政管理事务中,而这些对公司的发展作用甚微。另一方面,对于那些对公司发展更有价值的事情,例如战略计划的投入却非常少。Spencer建议,为了提升价值,对组织成功做出更大贡献,公司在人力资源管理中至少应将60%的资源投入到战略计划上,而只应将10%的资源投入在行政管理方面。所以,人力资源管理应该增加业务性活动和变革性活动的努力,以实现人力资源的更大价值增值。

这就要求高层人力资源管理者能够:①有效地制定和实施人力资源管理战略;②协调人力资源管理战略与企业战略;③通过变革性活动来改善人力资源管理的效率和有效性。

在当前民营建筑企业普遍开始建立现代企业制度与调整组织结构的情况下,各个企业应当将原来具有人力资源管理及人事管理内容的部门进行统一,调整原来的不合理、不适应新形势的管理模式,充分发挥人力资源部的战略职能。

企业应当任命副总级别高层决策者领导新建或经过调整的人力资源管理部,从形式与内容上改革,不能仍停留在日常的行政性事务上,必须强化人力资源管理部门的作用。

1)管理内容结构化、系统化

人力资源管理是个复杂的系统工程,其内在存在多个结构层次与业务系统,要做好人力资源管理工作必须达到管理内容的结构化、系统化。具体地,就是根据人力资源的获取、整合、保持与激励、控制与调整及开发这五大基本功能,结合人力资源工作的性质与特点,将管理内容划分成独立的条块,进行全面、系统化的管理。

2)管理制度化

要建立全面、系统的人力资源管理的制度,包括招聘制度、解聘制度、劳动纪律、合同管理、薪酬管理、干部选拔管理等。建立健全人力资源管理制度后,人力资源管理部门及相关职能部门便真正做到了"有法可依",在处理具体事务时就有了照章办事的依据,从而改变以往"请示不断"、"决而不断"、"看领导脸色"的情况,做到管理决策制度化、减少因领导个人喜好而胡乱作决策的情况。同时,应当在制定管理制度时充分征求各方面的意见,使所制定的管理制度公正、公平、实践性好,人力资源管理者应避免或尽量减少工作的主观随意性,做到"有法必依"。

3)权责相当化

过去传统的人事管理职能重在处理用人关系、合同管理等程序性或事务性的工作,即人力资源的"使用"管理。相对于其他的部门来说,传统的人事管理权责都较轻。在现代管理中,迫切需要人力资源管理摆脱旧的管理模式,提升到企业战略管理的一部分,成为注重"开发"、"保持"、"激励",致力于提升企业核心竞争力的战略管理部门。"人力资源部"需要牵头制订企业人力资源规划、负责制定政策、规划及企业的招聘、雇佣、培训、评价、薪酬、奖励、审议、惩戒等工作。

通过比较显而易见,现代人力资源管理的责任比过去重得多,业务体系更复杂,工作难度更大。因此,必须给予人力资源部更高的授权,赋予其行使职责所必需的权利,做到权责相当化。

4)人员高素质化与专业化

目前在民营建筑企业中从事人力资源管理的人员大多是单纯的行政人员或由其他业务岗位转移过来的人员,其优势在于:熟悉建筑企业的生产经营流程,了解企业制度外的文化,了解企业人力资源现状与需求,他们本身由员工中来,具有与公司员工的天然联系。同时,这部分人员缺乏全面、系统的管理知识与手段,没有接受过规范的现代企业管理与人力资源开发管理教育,因此不能够适应目前人力资源工作的需要。

随着管理内容的日趋复杂化,现代人力资源管理工作的性质和处理工作时所需要的知识与技能,也随之日趋专业化。针对人的特殊性质和特征,人力资源管理工作已形成一套自己的理论、程序、方法和技能系列。人力资源管理人员不再是普通的行政办事人员,而是必须具有人力资源管理的专门知识和技能,以及专门化职业所需要的心理性格特征,才能胜任这种工作。

因此,民营建筑企业必须重视引进人力资源管理的专业人才,同时着手对原来从事人事工作的员工进行人力资源管理的专业培训。

人力资源管理人员高素质化主要体现在以下五个方面:①人力资源管理专业人员经常与具有不同知识水平、文化程度的人打交道,因此必须具有善于言辞表达、交际的技巧,能够倾听和理解他人的需求和想法,具有协调、解决问题的能力。②人力资源管理专业人员要参与大量的行政管理工作,需要细心和耐心的品质;同时还需要有全局的观念与魄力,很好地制订企业人力资源规划。③"依法办事"是人力资源管理专业人员处理人力资源管理业务的基本原则,这就更需要人力资源管理专业人员通过长期积累和学习,了解国家相关法律,熟悉企业内部各项管理制度制定的原因与过程,能够在处理具体业务时有理有据。④人力资源管理专业人员还要有管理领导的能力,即能引导和培训各层管理者建设性地做好管理工作。⑤人力资源管理专业人员对公司情况要熟悉,对企业的发展目标要了如指掌,并参与职能部门的目标制订工作。

现代人力资源管理的职能,已从维持与辅助型的管理职能上升为具有重要战略意义的管理职能。战略层次的人力资源管理,要求人力资源管理专业人员不但要考虑环境的变化,而且要重视企业内部经营战略的调整,在结合两者对人力资源管理要求的基础上,做好人力资源规划、招聘、培训、分配、激励策略等工作,并明确一定时期内工作的重点和努力方向,以保证企业在复杂多变的环境中赢得竞争优势。因此,它要求人力资源管理专业人员,从雇员招聘到使用等人力资源开发和管理有关的事务,都要作为企业发展的战略举措来认真对待,做到从人才战略到具体管理措施都与企业环境和战略目标相一致。

5)运作过程公开化

在民主与法治日益深入人心的21世纪,大幅度提高人力资源管理的透明度,使大部分的管理人员和相关人员参与企业人力资源管理是必然的趋势。例如,企业的岗位选聘,应当采取公开竞争、平等考试、择优录用的方式;职工的提拔或奖惩,则应当采取先以民主方式制定评估标准,再经由公开评议,然后提出建议报请董事会或民意权力机构(如职工代表大会)通过。这不仅可以避免偏私,而且提高了员工的参与程度,可以极大地提高员工的积极性。

(2)制定并实施人力资源规划,优化人力资源结构

民营建筑企业要实现其人力资源管理战略目标,必须对企业当前与将来的人力资源的需求,进行科学的预测和规划。同时,为提升企业核心竞争力,保证企业的市场竞争优势,民营建筑企业必须优化内部的人力资源结构。做好人力资源调查与规划是优化人力资源结构的前提与基础。

企业人力资源规划是企业人力资源管理的一项重要内容,也是企业人力资源管理的一个重要前提条件。科学地规划企业人力资源、搞好人力资源管理工作,是对企业管理的有效强化,能够有效地调动员工的工作积极性,提高企业的管理水平。为体现人力资源管理的价值导向,企业要根据自己的战略目标,盘点人力资源管理现状,制定人力资源管理方向及实现策略。优化人力资源结构是按照市场竞争的要求、企业发展战略的需要,做好人力资源比例的合理调配,包括人力资源数量、质量、需求与供应等。

民营建筑企业要优化人力资源结构,保持精干的人员队伍,必须要培养一专多能人才,这里包括两个层面:首先,在劳务人才上,许多工人只具有一个工种,如做木工的只能做木工,扎钢筋的只能扎钢筋。由于建筑业普遍采取多工种配合流水作业的方法,不一定能够保证有相应的工作面,经常造成工人怠工,收入降低。因此,提倡劳务人才一专多能,劳务工人能够得到更多的实惠,同时企业劳务队伍也可以保持较强的战斗力。同时应当看到,应当培养一专多能的经营管理人才,促使他们向人力资本转化。将来的市场竞争需要企业拥有一批一专多能的经营管理人才,他们需要具有经营管理、承揽任务等多种能力。而且,将来的建筑企业管理者,不仅需要懂得技术知识,还需要法律、商务谈判、人事管理等综合的知识与技能。

(3)加强员工的教育培训

人力资源管理理论提出:员工的胜任能力是否能够满足企业发展的需要,将成为未来最为主要的

问题。因此,努力建立学习型组织是我国企业管理的重点。它要求企业在日常的管理活动中,实行以能力培养、技能培养为主要内容的职业培训体制,并逐步完善能力培养与潜能开发的有效结合。

民营建筑企业作为社会主义市场经济主体的一部分,作为市场产品的生产者和经营者,其产品的竞争力取决于人才的素质,没有人才的培养和合理使用,民营建筑企业便没有立足之地。企业必须将培训和再教育工作作为一项长期的、主要的战略任务来抓。为了确保企业员工培训取得实效,应切实做好以下工作。

1)树立全体员工的"学习意识"

要使培训工作收到实效并保持培训工作的延续性,必须要树立全体员工的"学习意识",将企业建设成学习型组织。每个员工都应该了解,在知识经济时代,任何个人、企业组织所拥有的知识与技能优势都是暂时的,任何个人、企业组织都不能永远保持领先的知识与技能优势,但只要下决心,任何个人与企业都可以保持"学习的姿态","不断学习",也只有不断学习才能够持久地保持企业核心竞争力。

2)明确企业的培训目标

建筑企业教育培训的目标,应紧密地围绕企业的整体战略目标进行,为企业的发展,提供强有力的高素质人才储备的保障。为此,重点是要培训员工的职业能力,培养员工的一专多能的能力,以便更好地胜任现在和将来的工作。同时,注意培养员工的综合能力和处理人际关系的能力。对高层次专业人才的培养,重点是培养决策能力、创新能力与应变能力,使企业获得持久竞争优势。

3)建立完善的教育培训制度

当前,科技迅猛发展,知识更新速度加快,企业必须构筑一个终身学习的体系,将企业变成一个学习型企业,为此,必须建立一套完善的教育培训制度。这一制度主要内容是:①根据企业实际情况,建立行之有效的培训制度,包括新员工入职培训、定期轮岗培训、任职资格培训等各种培训制度,使员工的培训、使用与企业各个发展阶段相吻合,使教育培训成为企业经常性的工作;②制定和完善职工教育培训规划,加强对培训的需求预测和分析,明确培训的

目的和要求,使培训具有针对性,减少盲目性;③健全和完善教育培训的考核制度,并以此作为员工晋级、提薪的依据之一,从而激发员工学习的积极性;④建立和健全教育培训的反馈评价制度,了解和掌握培训效果,总结经验,不断提高培训质量。

4) 建立分层次的培训体系

民营建筑企业的培训对象是多层次的,与此相应的培训体系也应是分层次的。根据我国民营建筑企业的实际情况,可以分四个层次进行培训。

①对高层管理者的培训 企业的领导人对企业的发展和生存起着关键性、决定性的作用。因此,要培养其战略意识、决策能力,要加强领导科学、管理技能、市场规律和经济法规等方面的专业知识和管理技能的学习,按照复合型模式培养,使他们成为既懂管理又善于经营的高素质的企业家。

②对企业中层管理人员的培训 中层管理人员是企业上下联系的纽带,是生产现场的直接组织者。因此,一方面要熟悉生产管理,另一方面要善于沟通。对他们的培训的主要任务是,掌握必要的管理技能,以及最新的管理知识和最先进的管理方法,着重提高他们的交际能力、公关能力、领导、指挥能力以及组织能力,使他们成为企业管理的核心。

③对技术人员和专业骨干人员的培训 技术创新与推广是推动企业发展的中坚力量,企业的技术人员和专业骨干人员只有掌握了先进的科学技术,才能生产出满足社会必需的新产品,才能提高产品的技术含量,提高企业的经济效益。所以,对技术人员的培训应以知识更新为基础,以创新意识的增强和创新能力的提高为关键,使他们成为企业创新、科技开发的核心力量。

④对一般员工的培训 建筑企业员工的技术水平对提高工程质量、减少浪费、提高企业经济效益有着重要意义;同时员工自身的安全意识、质量意识、工期意识的强弱直接影响建筑企业的安全管理绩效、质量及工期,因此,要加强对专业性较强的技工的培养,以提高员工的技能水平,同时要加强对员工的质量、安全意识教育,培养一支高素质的员工队伍。

(4) 做好人力资源战略的评估工作

人力资源战略评估是在战略实施以后,对人力资源管理职能的有效性进行的评估,即找出战略实施中的不足之处,及时修正调整,甚至重新设计新的结构和战略,以实现组织战略目标。由于内外环境的不断变化、信息的不完整性以及人力资源战略制定者水平的限制等,必然会造成战略规划与现实需要间的差异,因此人力资源战略的评估与反馈必不可少。战略评估一方面要找出战略与现实的差异,另一方面要对人力资源战略的经济效益即投入产出比、生产率、成本等进行分析。总之,人力资源战略需要不断地调整与修改,它是一个制定、调整、再制定、再调整的持续监控与反馈的过程。

2. 建立完善的管理机制和绩效考评体系

(1) 建立完善激励机制

激励体系是人力资源管理体系重要的组成部分,激励是心理学的一个术语,是指激发人的行为的心理过程,激励这个概念用于管理是指激发员工的工作动机,也就是说用各种有效方法去调动员工的积极性和创造性,使员工努力完成组织的任务、实现组织的目标,因此企业实行激励机制的最根本目的是正确诱导员工的工作动机,使他们在实现组织目标的同时实现自身的需要,增加其满意度,从而使他们的积极性和创造性继续保持和发扬下去,这样既满足企业人才的运用,又能保证人才队伍不出现流失。

如何建立和运用好激励机制,也成为各个建筑企业面临的一个十分重要的问题,激励机制运用的好坏,在一定程度上是决定企业兴衰的重要因素。

当前,民营建筑企业应根据事业实际情况,在公平、实事求是、物质激励与精神激励并重、激励与约束相结合等原则下,建立一套反映民营建筑企业特色、时代特点和关注员工需求的激励体系。

1) 加强物质激励 物质激励体现企业对员工的创造性劳动的认可,企业要加强物质激励,就必须打破平均主义,建立以市场为导向的薪酬管理机制,并注重长期激励方式的研究和员工保障机制的建立。确立以经济利益为核心的物质激励机制,通过物质激励的手段鼓励职工工作,主要表现形式有正激励,如发放薪水、奖金、津贴、福利等方式,负激励,如罚款等。同时,企业应充分考虑企业现状、行业发展、生命周期、市场价格等内外部因素。

研究探索

2) 加强精神激励　与物质激励机制相对应的是精神激励方式。精神激励就是通过各种形式的认定、宣传和褒奖的方式来激励员工，使员工获得荣誉感、成就感和责任感，树立企业员工的榜样，发挥榜样的激励作用。按照"需求层次理论"学说，人们在满足了物质需要后，就要逐步要求满足精神上和自我实现方面的需求，因此，企业应通过建立一系列相应的平台，来实现和满足员工的精神需求，从而达到激励的作用。

3) 加强情感激励　情感激励就是以个人与个人或组织与个人之间的感情联系作为激励的手段，通过调节人的情绪系统，实现激励的目的。企业内部的情感激励通常要通过企业文化建设发挥出来，通过建立企业成员共同的价值观念、行为准则、道德规范，形成尊重、信任、平等的员工关系，能够很好地在企业内部形成强大的凝聚力和向心力，从而达到人与人之间情感的维系与沟通，同时也使广大员工产生一种自我约束与自我激励，提高员工对企业的认同度与忠诚度，调动员工的积极性与主动性。

(2) 建立完善薪酬管理机制

经过多年的探索，我国基本明确了企业内部的收入分配制度，并确立了"市场机制调节，企业自主分配，职工民主参与，政府监控指导"的改革模式。要实现这一目标，企业必须实现"四大转变"：

1) 实现以市场为导向的转变　现代企业薪酬制度的分配主体是企业，民营建筑企业建立的薪酬管理机制必须引入市场价位机制，调整分配关系。新的分配制度参照劳动力市场价位，重点向关键管理、科研技术岗位以及企业主体生产岗位倾斜。将普遍低于劳动力市场价位的关键管理和技术人员的增资幅度提高，使其接近和超过市场价位。同时，降低与市场价位接近的简单操作服务岗位增资幅度，拉大岗位间工资差别。通过在内部工资分配中引进劳动力价格机制，使劳动力价格能够起到调节各类人员的工资水平和差距的作用。

2) 实现分配基础的转变　现代企业分配制度要在岗位评价的基础上，根据市场价位确定不同岗位基本工资水平。要建立以岗位工资为主要形式的工资制度，明确岗位职责和技能要求，实行以岗定薪，岗变薪变。岗位工资标准设计以岗位差别为主、兼顾能力差异。管理和专业技术人员岗位工资标准，按岗位职责确定，拉开同一职级的管理和专业技术岗位收入差距。操作服务人员岗位工资，按岗位和技能要求确定，根据技能水平不同，适当拉开同一岗位员工间收入差距。整个岗位工资体系，以胜任工作岗位的能力和工作表现为价值导向，鼓励员工不断提高自身的专业能力和工作业绩，以获得更高的报酬。

3) 实现分配要素的扩展与转变　现代企业实行的是以按劳分配为主体、生产要素共同参与分配形式并存的分配体系。而现在很多企业尽管已经实行了岗位技能工资制度，但是在相当程度上仍留有等级工资的痕迹，在按照技术、资产进行分配方面更是差之甚远。

4) 实现从外在报酬向内在报酬的转变　现代企业的薪酬体系是内在报酬与外在报酬的结合体。我国企业目前大多关注的是理顺工资关系，而对于非货币支出的内在薪酬，例如对员工参与管理、员工发展机会等重视不足，造成薪酬体系的缺憾。

(3) 建立完善绩效考评体系

绩效管理是企业实现目标、充分利用和开发员工能力和技能的一系列重要战略措施和激励制度。绩效管理是对员工进行激励的基础，是企业薪酬制度公平合理的保证。而长期以来，我国企业在绩效管理方面存在着各种各样的问题，目前绩效管理在不少企业仍流于形式。为了提高员工的积极性和保证企业的长期发展，我国民营建筑企业必须逐步建立和完善绩效管理体系。

绩效是业绩和效率的统称，包括活动过程的效率和活动的结果两层含义。经营业绩是指经营者在经营管理企业的过程中对企业的生存与发展所取得的成果和所做出的贡献；管理效率是指在获得经营业绩过程中所表现出来的赢利能力和核心竞争能力。

绩效考评是一种正式的员工评估制度，它是通过系统的方法、原理来评定和测量员工在职务上的工作行为和工作效果的。绩效考评是管理者与员工之间的一项管理沟通活动，考评的结果可以直接影响到薪酬调整、奖金发放及职务升降等诸多员工的切身利益。考评的本身不是目的，而是手段。绩效考评的外延和内涵随经营管理需要而变。从内涵上说，绩效考评就是对人对事的评价,共两层含义,一是对人及其工作状况进行评价;二是对人的工作结果,即人在组织中的相对价值或贡献程度进行评价。从外延上说,就是有目的、有组织地对日常工作中的人进行观察、记录、分析和评价,共三层含义,一是从企业经营目标出发进行评价,并使评价以及评价之后的人事待遇管理有助于企业经营目标的实现;二是作为人事管理系统的组成部分,运用一套系统的制度性规范、程序和方法进行评价;三是对组织成员在日常工作中所显示出来的工作能力、工作态度和工作成绩,进行以事实为依据的评价。

绩效考评的最终目的是改善员工的工作表现,提高员工的满意度和未来的成就感。美国组织行为学家约翰·伊凡斯维奇认为,绩效考评可以达到以下八个目的:①为员工的晋升、降职、调职和离职提供依据;②组织对员工绩效考评的反馈;③对员工和团队对组织的贡献进行评估;④为员工的薪酬决策提供依据;⑤对招聘选拔和工作分配的决策进行评估;⑥了解员工和团队的培训和教育的需要;⑦对培训和员工职业生涯规划效果的评估;⑧对工作规划、预算评估和人力资源规划提供信息。

在建立绩效考评体系及实施绩效考评时,必须遵循一些基本原则,这些原则既是考核制度建立的重要理论依据,同时又是人事管理体系应满足的基本条件:

1)一致性 在一段连续的时间内,考评的内容和标准不应有太大的变化,应至少保持两年内考评方法及标准的一致性。

2)公开与开放 开放的绩效考评制度首先是评价上的公开和绝对性,以此取得上下认同,推行考核;其次是评价标准必须十分明确,上下级之间可通过直接对话,面对面的沟通进行考评工作。在贯彻开放性原则时应注意做到以下几点:①通过工作分析确定组织对其成员的期望和要求,制定出客观的绩效考核标准,通过制定职能资格标准及考核标准,将组织对其成员的期望和要求,公开地表示和规定下来;②将考评活动公开化,破除神秘观念,进行上下级间的直接对话,并把现代绩效考评的本来目的,即能力与发展的要求和内容引入考评体系中;③引入自我评价和自我申报机制,对公开的绝对评价作出补充。这种相对评价至少能发现职工自身差距,弥补自身的不足;④根据企业不同,分阶段引入考核评价标准、规划,使企业员工有一个逐步认识、逐步理解的过程。

3)反馈与修改 即把考评后的结果及时反馈,好的东西坚持下来,发扬光大,不足之处,加以纠正和弥补。

4)定期化与制度化 绩效考评是一种连续性的管理过程,必须定期化、制度化。

5)客观性与准确性 客观性与准确性是保证绩效考评有效性的充分必要条件。

6)可行性与实用性 所谓可行性是指任何一次测评方案所需时间、人力、物力、财力要为使用者的客观环境条件所允许。实用性则包括两个方面的含义:一是指测评工具和方法应适合不同测评目的的要求,要根据测评目的来设计测评工具;二是指所设计的测评方案应适应不同行业、不同部门、不同岗位人员素质的特点和要求。

(4)更新人力资源观念

1)坚持"以人为本,广揽贤才"的思路 人力资源是企业的第一资源,而人力资源的核心是人力资本。在当今的知识经济时代,科技、知识、智力三大因素正在以前所未有的速度改变着传统的生产方式和资本的运作形式,同时也在深刻地改变着企业传统的生存基础、组织结构、生产要素与组织目标。在企业中,人力资本所占的数量比例很小,但其在企业发展中所起的作用却至关重要,企业要引进与开发人力资本,必要要做到"以人为本,广揽贤才"。

2)坚持"先德后才,德才兼备"的择人原则 企业在选择人才时要坚持"德"的标准,注重对人才"个人品德"、"社会公德"、"家庭美德"的考察。每个员工都是企业的一分子,而众多企业与组织构成了社会的根基,要建立良好的企业作风,企业的每一个成员必须要有良好的操守,历史与事实证明,良好的职业行为必须以拥有良好的品德为基础,一个人的才智再高,如果没有良好的品德,他能够为企业所做的贡献也是很有限的,更甚至会造成企业的损失。

3)树立"人尽其才"的观念 前面理论提到,人力资源管理具有全面性的特点，即人力资源管理不仅以人力资源作为自己的管理对象，而是将全体有关人员都纳入自己的管理范围。因为人力资源的概念是动态的、相对的，所以在实施人力资源管理中应该尽量避免人才的概念，非人才群体也是人力资源管理的对象。

因此，企业不能将拥有高的学历作为判别人才的惟一标准，企业必须要树立"人尽其才"的观念，即人人都具有成为人才的机会与潜力，只要每个人都能够在自己的岗位上出色地工作，勤勤恳恳，胜任自己的工作的人就是人才。同时，对于具有很强的自我提升欲望、具有学习与应变能力的人，企业要为他提供自我提高、自我完善的平台，让各种人才在企业内能够发挥其能力，挖掘出其自身内在的潜力，充分地发挥聪明才智。

现代人力资源管理将管理的重心由过去的管事转向对人的关注，使管理工作更具人情味。民营建筑企业人力资源管理工作应以充分释放员工潜能为目标，在了解员工需求的基础上，采用激励为主的策略，做到"人尽其才"，充分调动员工工作积极性。同时要关心员工的职业开发，为员工的个人成长和事业成就提供咨询、指导和通道。

3.通过企业信息化加强人力资源管理

（1）推进企业信息化建设

《中共中央关于制定国民经济和社会发展第十个五年计划的建议》指出："大力推进国民经济和社会信息化，是覆盖现代化建设全局的战略举措。以信息化带动工业化，发挥后发优势，实现社会生产力的跨越式发展。"

推进国民经济和社会信息化，是国家发展战略的重要内容。建筑业信息化是国民经济信息化的基础之一。建筑业信息化是指运用信息技术，特别是计算机技术、网络技术、通信技术、控制技术、系统集成技术和信息安全技术等，改造和提升建筑业技术手段和生产组织方式，提高建筑企业经营管理水平和核心竞争能力，提高建筑业主管部门的管理、决策和服务水平。建筑业属于传统产业，用信息化等高新技术改造传统产业，是传统产业持续发展的必由之路，是建筑业实现跨越式发展的重要途径。

企业信息化的实质就是借助计算机、互联网等信息手段将企业的经营及管理流程数字化并加工成新的信息资源，提供给各层次的管理者及时掌握动态业务中的一切信息，以作出有利于生产要素组合优化的决策，使企业资源合理配置，从而使企业能够适应瞬息万变的市场经济竞争环境，求得最大的经济效益，提高企业运营管理水平。

民营建筑企业的人力资源管理也要借助信息化的成果和手段，建立人力资源的档案，利用办公自动化系统及人力资源管理系统来实现对企业内外人力资源的合理配置和开发，从而使企业人力资源管理工作能够适应市场和企业快速变化发展的需要。

同时，民营建筑企业要重视信息化的基础工作和标准化工作，普及信息化知识，以岗位培训和继续教育为重点，对企业员工进行不同类型和不同层次的信息技术教育，培养一批精通信息技术和业务的复合型人才。

（2）运用信息化工具加强人力资源管理

建筑企业人力资源管理软件，需要针对工程项目管理及建筑企业的特点，考虑如何高效处理人力资源管理的基础业务，还要考虑如何处理资源配置、优化、开发、规划等核心业务，借助信息化的成果来帮助实现建筑企业有效的人力资源管理。

开发建筑企业人力资源管理系统的主要要求：

1）要求灵活适应组织结构的多变性及地域的广泛性　适应多层次、多地域的组织架构的频繁的变化，响应项目型企业管理需求，适应全球化、多元化的特点，有效支持分布式管理，适用于扁平式、矩阵式、垂直式、多级式组织等多种组织结构。

2）要求便于进行人力资源的优化组合　要求提供直观的现有人力资源配置情况表，管理人员或决策者可以及时方便地调整相关资源，达到人力资源优化组合的目的。

3）要求结合行业特色进行有效的绩效管理　要求紧紧围绕工程项目管理的特点及建筑业行业特点来设置关键绩效指标（KPI），紧密结合实际业务作业，建立完善的考核体系，实现量化的科学管理。

4）要求人力资源管理业务的高度集成　要求能够实现人力成本、考勤、会计等功能的集成，实现与考勤工具的集成,实现计时、计件的工资管理,通过 Excel 及其他格式的数据交通,实现人力资源管理业务的有机连贯。

5)要求具备完备、齐全的人力资源规划与发展功能 一方面,要求系统结合企业的人力资源计划进行管理,注重计划与过程管理的相互结合,强化人力资源计划在企业人力资源管理中的指导与协调作用,例如招聘管理计划与招聘实施、考核管理等等;另一方面,要求具备人力资源的补充与完善的服务功能,包括个人知识结构的完善、团队人员数量的优化、激励机制的应用等等,具体表现为培训管理、人力资源计划管理、员工关系管理等。

4.建筑企业人力资源管理软件系统功能要求

从具体功能上,需要能够实现以下功能:

1)组织机构管理 提供基于可视化的树状结构组织机构管理,支持任意扩展应用,管理企业下属的各级公司,以及下属的各级部门(项目),处理公司、部门的新建、合并、撤消业务。具体功能模块包括:公司结构管理、部门结构管理、组织并转管理。

2)职位信息管理 提供上级单元职位的设立、控制与分析的应用管理。管理职务分析后每个职位的职位描述、任职资格、后备人员以及各职位状态等情况结果,从而指导职位的控制更新。具体功能模块包括:新建职位、职位维护管理、职位分析管理。

3)人事信息管理 包括人事信息、人事变动两部分。对在职员工、调配员工、解聘员工、离退员工的基本信息、任职情况、组织变动情况、奖惩情况等档案数据的维护、统计分析,晋升、降职、辞职、辞退、退休等人事变动业务的处理,并提供各类员工信息卡片、信息报表。具体功能模块包括:人事档案信息、人事变动管理、统计分析信息。

4)人力资源规划 提供企业战略型的人力资源计划性管理,主要用于管理人力资源规划和机构编制,并提供人力资源规划表、机构编制表。具体功能模块包括:人力资源规划管理、机构编制计划管理、人力资源计划审批。

5)绩效考核管理 支持多层考核机制,划分为纵向(经营决策层、中层管理层、基层管理层、基本操作层、辅助运作层等)和横向平级部门考核,由各考核单位分别设计考评的标准,经考核后,进行综合考评,结果存档并输送到各关联应用中。对业绩、能力、态度等进行月份、季度、年度考评,对考核数据提供统计分析功能,为薪酬、奖惩、培训开发等方面提供依据。具体功能模块包括:考核标准设置、考核部门设置、考核结果评估。

6)培训开发管理 支持企业经营所需的各类培训与发展计划,基于培训成本核算前提下,不断发展知识员工的能力以应对当前和将来的需要。支持与财务管理系统相关联。具体功能模块包括:培训需求收集、培训计划制订、培训课程设置、培训教材审核、培训过程跟踪、培训考评考核、培训结果公布。

7)招聘管理 支持招聘的全过程管理,包括对编制招聘计划、采集应聘信息、招聘甄选、通知面试、复试、聘用;基于审批流,提供试用、复试、审批功能;录用人员数据可直接转入员工信息库。具体功能模块包括:备用人才库管理维护、招聘计划制订、招聘过程管理。

8)合同管理 全面管理员工劳动合同的签订、变更、续订、终止、解除这一全过程,并针对不同时期、不同的合同版本,提供版本管理,以及对于到期合同,提供自动提示功能。具体功能模块包括:合同档案管理、合同考核管理、合同解除管理。

9)薪酬管理 设置薪酬结构、录入薪酬基础数据、计算薪酬、发放薪酬的全过程管理;处理方式灵活,具有审核追踪功能,能处理所有员工的工资、补贴、福利和个人所得税等。实现各种工资、津贴和奖金的复杂设置和特别计算,计算薪酬前自动进行审查,审核追踪报告的生成可为薪酬和财务部门减少薪酬运作错误。支持工资的多次或分次发放,以及银行代发功能。具体功能模块包括:薪酬结构设置、薪酬计算管理、薪酬报表输出。

10)员工关系管理 提供支持基于维护和发展员工关系的沟通交流应用,包括员工关系调查表的发布的收集、员工个人发展计划、组织信息传递功能。具有提高协同个人发展计划与企业发展计划的综合应用。具体功能模块包括:关系调查表管理、员工个人发展计划、企业人事信息管理。

海外巡览

2007年国际承包商225强综述

近年来,我国对外承包工程额屡创新高。据商务部合作司统计,2006年,我国对外承包工程当年完成营业额300亿美元,同比增长37.9%;新签合同额660亿美元,同比增长123%。截至2006年底,我国对外承包工程累计完成营业额1658亿美元,签订合同额2519亿美元。当前,中国公司承揽的大项目越来越多,项目规模和档次不断提升。2006年,单个金额达到或超过1亿美元的项目达96个,10亿美元以上的项目5个,最大单个项目达到83亿美元,美国《工程新闻纪录》(ENR)日前推出2007年最新国际承包商225强排行榜,包括中交集团、中建总公司、中国水电建设集团在内的49家中国内地承包商跻身该榜。

ENR国际承包商225强排名前十位依旧被欧美大承包商牢牢占据。前十名承包商基本没有变化,显示出顶级国际承包商的稳健实力。德国的HOCHTIEF、瑞典的Skanska、法国的VINCI公司依次排名前三位。

49家大陆承包商的国际营业收入达到162.89亿美元,同比增长了62%,这一数字是3年前中国内地公司总和的2倍,创出新高;49家公司新签合同额达到1869.03亿美元,同比增长547.63亿美元。中国交通建设集团有限公司经过合并重组后,公司各项业绩均有提升,首次超过中建总公司,跃居中国企业第一位,并且在亚洲企业范围内首次超越JGC、CHIYODA两家日本公司,跃居亚洲第一,排名225强第14位。

中国内地承包商入围的总数比上年增加3家。中国石化集团中原石油勘探局、中国海外工程有限责任公司、上海电气集团股份有限公司等8家公司首次登上排名榜。49家公司中,有18家排名上升,同时有20家公司的名次不同程度地下降。排名上升的企业中,中交集团以25.4亿美元、302%的增幅上升了31位,并成为亚洲承包商之首;哈尔滨电站工程有限责任公司凭借1.65亿美元、183%的增幅上升了47位,成为位次变化最大的一家公司。上海建工集团以63亿美元年综合营业额位列第30位,比上次排名提升了5位,也是中国省级建筑集团中惟一跻身50强的企业。北京住总集团则比上年提升了17位,排名第185位。中国葛洲坝集团公司名列第150位,比2006年度提升10位。另外,中国东方电气集团公司和广东新广国际集团有限公司由于国际营业收入减少,分别下降了31和26位。

排名资料显示,本届的225家国际承包商在国际市场上的营业收入总计达到2244.3亿美元,比上年1894.1亿美元增长了18.5%。49家内地承包商创造的国际营业收入总额占225强的8.6%,比2006年上升1.6个百分点。

从国际排名来看,去年重返第一的德国霍克蒂夫公司(Hochtief AG)依旧牢牢坐稳头把交椅,并且将自己去年创造的147.36亿美元的记录改写成175.99亿美元,将与第二位的瑞典斯堪雅公司的差距从去年的28.29亿美元,拉大到52.52亿美元。其余位列排行榜前10位的8家承包商没有变化,依次为法国万喜公司(VINCI)、澳大利亚的STRABAG SE、法国的BOUYGUES、美国的BECHTEL、法国的TECHNIP、美国的KBR、德国的BILFINGER BERGER AG和美国的福陆公司(FLUOR)。

根据统计数据,大陆承包商在各个专项市场排名中有所突破。其中,在一般建筑项目排名中,中建总公司位列第5,中交集团位列交通项目第7位,东方电气集团位列危险废弃物项目的第4位。数据显示,非洲和亚洲仍是中国承包商的主要市场。49家上榜内地公司中,有40家在非洲市场获得收入占到所有225家公司在非洲市场所得的28.4%。此外，有44家公司涉足亚洲市场，29家公司进入中东市场，还有19家公司在拉美和加勒比海地区拥有市场份额。

2007年，国际建筑市场仍然处于稳定的繁荣时期，发达国家仍旧保持强劲的发展态势，发展中国家也通过增加自身资金投入和利用外资加大对本国基础设施建设的投资力度。这种情况使全球化经营的承包商们面临一个大好机遇。但是中国承包商还需面对人民币升值的巨大压力。由于人民币的升值，中国承包商在低劳动力成本和中国制造材料及设备方面的价格优势正在逐步削弱。

中国承包商在国际工程承包市场地位不断提升。这对中国的建筑业企业更好更快地"走出去"，在国际市场大展宏图将起到积极的推动作用。

表1

2007	2006	公司名称	2007	2006	公司名称
1	1	HOCHTIEF AG, Essen, 德国	6	7	Bechtel, San Francisco, Calif., 美国
2	2	Skanska AB, Solna, 瑞典	7	9	TECHNIP, Paris La Defense, 法国
3	3	VINCI, RueiL-Malmaison, 法国	8	6	KBR, Houston, Texas, 美国
4	4	STRABAG SE, Vienna, 奥地利	9	10	Bilfinger Berger AG, Mannheim, 德国
5	5	BOUYGUES, Paris, 美国	10	8	Fluor Corp., Irving, Texas, 美国

ENR2007国际承包商225强中国公司排名 表2 续表

序号	公司名称	排名	序号	公司名称	排名
1	中国交通建设集团有限公司	14	25	中国机械进出口(集团)有限公司	147
2	中国建筑工程总公司	18	26	上海电气集团股份有限公司	148
3	中国水利水电建设集团公司	51	27	中国葛洲坝集团公司	150
4	中国机械工业集团公司	55	28	中国大连国际合作(集团)股份有限公司	154
5	中国铁路工程总公司	67	29	中国河南国际合作集团有限公司	155
6	中国石油工程建设(集团)公司	70	30	中国中原对外工程公司	158
7	上海建工(集团)总公司	73	31	中国石油天然气管道局	159
8	中国土木工程集团公司	82	32	山东电力建设第三工程公司	161
9	中国铁道建筑总公司	83	33	中国上海外经(集团)有限公司	163
10	中国化学工程集团公司	88	34	北京建工集团有限责任公司	168
11	中国石化集团中原石油勘探局	90	35	南通建工集团股份有限公司	171
12	中国冶金科工集团	95	36	江苏省建设集团公司	177
13	中国水利电力对外公司	97	37	威海国际经济技术合作股份有限公司	179
14	中信建设有限责任公司	98	38	北京住总集团有限责任公司	185
15	哈尔滨电站工程有限责任公司	102	39	中国武夷实业股份有限公司	187
16	山东电力基本建设总公司	115	40	江苏南通三建集团有限公司	188
17	中国海外工程有限责任公司	122	41	中国石油天然气管道工程有限公司	189
18	青岛建设集团公司	126	42	中国寰球工程公司	192
19	中地海外建设有限公司	137	43	中国江西国际经济技术合作公司	193
20	中国东方电气集团公司	138	44	中国成套设备进出口(集团)总公司	197
21	中国江苏国际经济技术合作公司	140	45	重庆对外建设总公司	201
22	中国万宝工程公司	143	46	山东宏昌路桥工程有限公司	206
23	浙江省建设投资集团有限公司	144	47	上海隧道工程股份有限公司	211
24	中国有色金属建设股份有限公司	145	48	辽宁省国际经济技术合作集团有限责任公司	216
			49	广东新广国际集团有限公司	219

(小枚)

海外巡览

新加坡地铁设备安装及装修管理模式

李 平

(广东深圳市政府,广东 深圳 518001)

(接上期)

(3)机电工程的控制和协调

新加坡 MRT 项目机电工程设计进度计划的汇总和设计与施工过程的协调所提出的问题,其数量和复杂程度远远超过一般的大型商业用房项目。对于 MRT 项目,必须设计、安装许多独立而且经常是很复杂的系统,并将其变成 MRT 车站建筑结构和轨道特别是在空间极为有限的各地下区段的一部分。为了防止各系统之间不协调、互相矛盾、有些时候非常危险的错接,必须经常进行严密的控制和协调。

此外,对于参与上述协调工作的所有人员来说,编制进度计划、安排人力。安排进出口和通道、各种工作之间的界面,以及各种各样的合同问题都是极其繁重的。

1)项目组织

新加坡 MRT 项目管理结构如图 2 所示。从图 2 可以看出,控制过程已经按专业分开。因此,界面数目大增,同样增加了控制和协调的工作量。

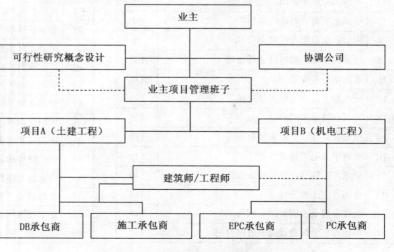

图2 新加坡MRT项目管理结构

2)设计协调

①概述。协调工作的首要任务是设计并实施有效的综合沟通系统。

MRT南北线地下部分土木/结构工程签订的是设计-建造合同。南北线其余部分和东西线的地上和地下所有部分签订的是一般施工合同,设计由业主另外签约聘请有经验的建筑师/工程师完成。机电工程大部分用的是 EPC 合同,只有小部分签订 PC 合同。

土木/结构工程的第一和最后一个设计-建造合同分别于1983年9月和1984年5月发包。机电工程第一和最后一个 EPC 合同分别于1984年1月和1984年9月发包。土木/结构工程前面的设计合同1983年中开始发包,而最后一个 PC 合同直到1986年底才发包完毕。整个项目时间跨度很大。

为上述工程编制的合同文件尽量明确互相交接的各承包商的设计协调时间。这段协调时间就是要求互相交接的承包商提供设计成果,以及向他们提供设计依据,以便编制和完成他们各自设计进度计划所需要的时间。该协调时间的长短很难预测。结果表明,的确如此。

各施工合同发包时间的安排,以及要求承包商提出、列入合同、并加以协调的设计进度计划是否合适,都需要考虑其他多种条件。这些条件直接或间接地同设计协调过程有关。例如:

a.参与本项目的许多国际承包商或承包财团大多数对于新加坡当地环境缺乏经验。

b.设计和施工阶段大量地交叉和重叠,这种情况不仅影响设计协调,而且也影响设计文件的技术可行性。

c.如此巨大、费用高昂、技术复杂的项目,要求各方当事人制订出招聘大批管理、专业、技术和后勤人员的计划,而应聘人员往往并不具备必要的知识和经验,不了解当地的风俗、习惯、行业惯例、项目本身、合同、业主的需要和想法,缺乏上述各方面的知识。

d.每一个新公共交通系统在设计和建造时的技术过程的影响;每一个新公共交通系统项目往往都想成为"世界第一",都想使其设计、施工和运营有新颖之处。

基于以上各种因素,协调沟通一定要全面综合、一定要精心维护。本项目原则上鼓励参与设计过程的各有关方面在设计工作方面直接协调。而在实践中,业主的项目管理班子经常参与该协调过程。除此之外,没有其他更好的办法可以解决优先顺序或冲突方面的问题。

②实施。为了实施协调功能,在业主项目管理班子和承包商协调小组内部建立责任小组。这些责任小组的任务是实际进行业主/承包商、机电/土木工程设计方面的沟通和协调。此外,还定期召开事先周密计划的会议,与会者是同议题有关的部分或全体当事人。这些会议可以为设计过程顺利进行创造条件。各当事人之间的关系可见图3。

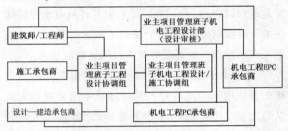

图3 设计协调的组织关系

设计工作的协调很有特点,非常复杂。各个承包商完成的设计是否可付诸施工也是一个非常复杂的问题。

绘制协调图纸,表明是否可付诸施工或者各专业之间关系(表明所有设备汇总在一起时的走向,设备穿越结构的洞口、设备预埋件等)的责任交给了土木/结构工程承包商。

正是土木/结构工程承包商发起、监督,采取措施加快协调过程,从所有同他交接的承包商那里(不管他们是否同他有直接的合同关系),收集齐全所有的机电设备资料,以便按照规定的各种时间表绘制并提供协调图纸。显然,这些时间表必须统一起来,同完成各个合同工程的设计进度计划一致。很明显,业主的规划人员要为整个协调过程做出重要贡献。

3)施工协调

施工协调虽然在性质上不同于设计协调,但是在责任和沟通安排方面很大一部分与之相似。因此,所有参与施工的当事人都必须配备有献身精神的人员协助和控制现场的协调要求。本项目的施工协调人员的组织和相互之间的关系请见图4。

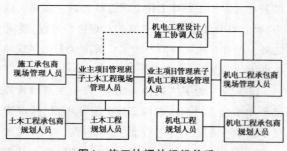

图4　施工协调的组织关系

上述各具体协调要求的目标是什么？简言之，就是进度协调和进出现场和工作面的协调。

①进度。土木/结构工程承包商承包的工程一般都是地点固定的。合同规定他们根据各机电承包商提供的资料编制经过协调的"统一工程进度计划"。而机电工程承包商一般都要沿着铁路线逐渐地移动。

当各个土木/结构工程承包商和所有与他们交接的各机电承包商商定，并经过业主项目规划人员认可之后，上述"统一工程进度计划"就将成为测量将来实际进展的基准。

实践证明，土木/结构工程承包商向与之交接的承包商发出他们自己的3个月进度计划本身，对于协调过程影响重大，也是宣传自己所完成的工程的机会。

此外，各承包商之间交换各自的4个月进度计划，有关承包商之间定期讨论进度协调事务，业主项目管理班子通常也来参加。这件事本身就已经成为实现工程现场协调目标必不可少的一个部分。

②分包商管理和现场出入通道。分包商管理和现场出入问题，虽然比进度协调规定得更详细，但是仍然会引起许多现场冲突、延误工程。

合同中已经规定，土木工程承包商负责管理机电承包商。土木工程承包商应当负责机电工程承包商需要的临时设施和公用事业设施，例如现场保安、临时电力和用水、脚手架等等。这些东西必须经过认真仔细的规划，保证使用效率。

现场出入通道，一定要保证工作在规定的时间、地点，按规定的速度和安全程度进行，因此要求经常的对话和连续不断的协调。

特别是地下，空间非常狭窄，几乎没有地方周转，给在这种狭窄的空间中施工的人员提出了非常困难的任务。

③业主施加的影响。另外两个项目活动也严重影响协调过程：一是变更。设计变更很有可能给施工进度计划，以及进度的协调带来严重损害。因此，建立审查程序很重要，否定可变可不变的变更请求，只允许不变不行的变更。如何划分两种变更之间的界限？判断的原则是：是否适合用途和是否满足安全要求。对于MRT项目，公众对工程外观的要求也常常是重要的判断准则。此外，经过批准，并付诸实施的变更一定要妥善地记录和保存，供绘制业主要求的竣工图时使用。二是试运行和项目投入使用前的过程。不仅机电工程合同的编排应当允许分区段或分阶段竣工，而且业主的运行部门也会从合理地占用部分铁路系统中获得很大好处，能够因此而在对公众开放之前获得价值难以衡量的运营和维护经验。但是，提前占用，以及适用于提前占用的规则和程序，特别是有关安全的规则和程序的确会影响到施工过程，有些时候会大大增加协调工作的难度和数量。

4）结论

每一个项目都有自己的具体情况。但是，根据新加坡MRT项目的经验，可提出如下建议，供其他地铁或城市轻轨项目参考。

A、项目规划阶段，就应当对有关项目目标的所有重大问题给予足够的重视，并制订出必要的早期计划。

B、确定项目的组织结构时就应当简化控制和决策过程，使之尽可能直接，从而减少后来的协调工作量。

C、严格按照过去的表现选拔项目管理班子。这一原则同样适用于业主的项目管理班子和管理承包商，因为他们在工作时都必须具有很高的凝聚力。

D、充分利用项目管理班子可直接控制的设计进度计划。其前提是，雇用的专业承包商在技术上必须非常高超。

E、必须为设计进度计划的制订留有足够的时间,只有这样,才能确定可靠的招标计划。虽然本项目所用的合同条件允许工程师提出工程变更,但是,如果根据不现实的进度计划开展设计工作,或者仓促付诸实施,就会增加变更的数量,进而大大增加时间和费用控制的难度。在这种情况下,施工阶段变更的数量就会增加到可怕的程度。

F、由业主项目管理班子,而不是承包商领导协调过程。合同文件必须从项目的总体利益出发,为协调决策留有充分的余地。当然,这个问题会引起关于标准合同格式和非标准合同格式哪一个更好的大争论。

G、一定要保证项目进度计划正确地定性和定量地反映跨专业和必要的跨承包商团协调的需要。其中必须包括业主对协调结果进行审查的需要,业主一旦认可,就可能需要一段时间等待有关方面批准资金。

H、为投标人提供足够详细的工程进度计划,然后认真评价他们根据上述进度计划提交的建议。

I、在评标时,应当着重考虑投标人在类似工程方面的成功表现。

J、为承包商建立通用的报告、形象进度测量和趋势评价制度,并说明承包商可以提出补偿要求的共同条件。所有这些都应当在合同中详细说明,避免在项目实施过程中,因理解不同而出现争执。

K、承包商提交合同组织结构,表明他们既适合于实现项目目标又适合于项目管理班子的管理和职能安排。

L、业主项目管理班子的施工人员应当按照区域分配责任,直接负责该区域的所有现场协调和合同责任的履行问题。换句话说,对现场一级,而不是对公司一级的各个专业进行协调。

(4)合同管理

合同就是相互间有约束力的协议,要求卖主提供买主指定的产品,而买主支付这些产品的价款。合同是一种法律关系,可以在法院进行调整。此种协议有多种名称,可以叫做合同、协议、分包合同、购买订单或理解备忘录。

合同管理是确保卖主的实际工作满足合同要求的过程。在使用多个产品和服务提供者的大项目上,

合同管理的一个重要方面就是管理各提供者之间的联系。合同关系的法律性质要求项目班子必须十分清醒地意识到进行管理合同时所采取的各种行动的法律后果。

合同管理包括在处理合同关系时使用适当的项目管理过程,并把这些过程的结果综合到该项目的总体管理之中。在涉及多个卖主和多种产品时,上述综合和协调将在多个层次上进行。必须使用的项目过程有如下几个:

①项目计划执行,在适当的时候批准承包商开工。

②进展报告,监视承包商的费用、进度和技术表现。

③质量控制,检查并核对承包商产品是否满足要求。

④变更控制,确保变更要得到有关方面的批准,并让所有需要知道这些变更的人都知道。

⑤合同管理中还有一个财务管理部分。合同中应该明确支付条件,支付条款必须将卖主的实际进展与向其支付的补偿联系起来。

1)合同管理

①合同管理的依据。一是合同。二是工作结果。卖主的工作结果——哪些可交付成果已经完成,哪些还没有完成,质量标准达到了何种程度,哪些费用已经开销或承诺,等等——都应当作为项目计划实施结果的一部分收集起来。三是变更请求。变更请求可以包括对合同条款或对应提供的产品或服务名称的修改。如果卖主的工作不满足要求,则终止该合同的决策亦应当作变更请求进行处理。对于有争议的变更,即卖主和项目管理班子就其补偿不能取得一致看法的变更,有各种各样的叫法,补偿要求、争议或上诉。四是卖主单据。卖主必须随时提交单据,要求支付已完成工作的款项。提交单据,包括提交必要的证明文件的要求在合同中明确。

②合同管理的工具和技术。一是合同变更控制系统。合同变更控制系统明确了合同修改的过程。该系统包括书面文字工作、追踪方法、争议解决程序以及批准变更必要的审批层次。合同变更控制系统应

当与总体变更控制系统结合起来。二是进展报告。进展报告为高层管理人员提供了卖主在实现合同目标方面的效率情况。三是支付系统。向卖主支付款项通常由实施组织的应付账目系统处理。在具有多种或复杂采购要求的大项目上，可以建立自己的系统。在上述两种情况下，支付系统都必须由项目管理班子进行必要的审查和批准。

③合同管理的成果。一是往来函件。合同条款和条件常常要求买主/卖主之间往来通信的某些方面使用书面文件，例如对未满足要求的实施结果提出的警告、合同变更或情况澄清。二是合同变更。(批准和未批准的) 变更反馈到有关的项目规划和项目采购过程中去，并在必要时更新项目计划或其他有关的文件。三是支付请求。这里假定该项目使用的是外部支付系统。如果项目有自己的内部系统，这里的成果就仅仅是"支付款项"。

2) 合同结尾

合同结尾类似于行政结尾。因为合同结尾既是成果核实 (所有的工作是否正确、令人满意地完成了)，又是行政结尾(更新记录以反映最后结果，并将其归档以备后用)。合同条款和条件可以规定合同结尾的具体手续。某合同提前终止是合同结尾的一种特殊情况。

①合同结尾的依据。合同文件：合同文件包括，但不限于合同本身及其所有的支持表格，提出并得到批准的合同变更、卖主提出的所有技术文件、卖主的进展报告、诸如单据和支付记录等财务文件，以及所有与合同有关的检查结果。

②合同结尾的工具和技术。采购审计：采购审计就是对整个采购过程，从采购规划直到合同管理进行系统的审查。采购审计的目的是找出可以在本项目其他事项的采购上或实施组织内其他项目上借鉴的成功和失败之处。

③合同结尾的成果。一是合同档案：应整理出一套编上号码的完整记录，将其合并到项目的最后记录之中。二是正式验收和结尾。负责合同管理的人员或组织应向卖主发出正式书面通知，告之，本合同已经履行完毕。对于正式验收和结尾的要求一般在合同中明确。合同管理包罗万象，涉及 MRT 项目的各个方面。合同管理就是确保合同各当事人及时、恰当地履行合同中规定的义务、职责，行使合同中规定的权利。

为了清楚地说明新加坡 MRTC 的合同管理安排，必须说明为 MRT 签订的各种施工合同的结构。

3) 工程师合同管理的职责

①工程师在合同方面的职责。在工程师管理合同的职责方面使用"监理"(Supervision)一词可能会产生很大误解，因而需避免之。FIDIC 红皮书和黄皮书都避免使用"监督和监理工程"(Watch over and Supervise the Works)，而使用"合同中规定的职责"(Duties Specified in the Contract)这一措词。如果需要简洁地说明这类职责，可使用"管理合同和检查工程"(Administer the Contract and Inspect the Works)。

在红皮书第一部分，即通用合同条件为工程师规定的职责和权限是：

A、工程师"应当履行的"合同中规定的诸职责；

B、工程师"可以行使的"合同中规定的或合同中必然会隐含着的"权限"……

工程师"应当履行的"合同中规定的诸职责主要有：

a、签发补充图纸，包括放样图(即可用于最后工程施工的图纸)；

b、签发支付证书，以便业主向承包商支付工程款和结算款；

c、指示工程变更或停工，签发移交证书；

d、决定承包商索取的款项或要求延长的时间；

e、裁定业主和承包商之间的争议等，其他则遍布合同全文。

②作为合同管理者的工程师。同样，有必要将作为业主顾问的咨询工程师与被任命为合同管理者的"工程师"加以明确区分。本文使用"工程师"一词。

根据施工合同，当工程师承担某一职责(如提供进一步的图纸)时，工程师必须承担咨询协议书中的此类职责。施工合同常常允许(如 FIDIC)工程师将职责授权给职员，这样做往往提高效率。例如：工程师将颁发进一步的图纸的职责授权给驻地工程师。

(待续)

国家标准图集应用解答

◆《混凝土结构施工图平面整体表示方法制图规则和构造详图》(03G101-1)(现浇混凝土框架、剪力墙、框架-剪力墙、框支剪力墙结构)

问:P65,梁负筋在支座部位锚固,直锚段长度要求大于等于0.4la。问不能满足此要求怎么办?可采取什么措施?

答:不满足此要求可采取:增大梁支座宽度;调整负筋配置,减小负筋直径,增加根数。

问:P41,抗震柱箍筋加密:地下室顶面嵌固部位,箍筋加密区范围:大于等于$H_n/3$,这样加密后±0.00层上面部位是否还需有一个$H_n/3$范围的箍筋加密?

答:不需要了,只需要按一般箍筋加密区范围要求加密即可。$H_n/3$加密区范围由基础顶面嵌固部位所在位置确定。

问:P34,受拉钢筋抗震锚固长度L_{aE},如果是HPB235级钢,是否已包括弯钩长度了?180°的弯钩长度取多少?

答:L_{aE}不包括弯钩长度。一个180°的弯钩长度为6.25d。

问:1、P33,钢筋保护层指什么?
2、双向板第一根筋(从梁边起)离梁边距离多少?

答:1、本页所指的受力钢筋混凝土保护层厚度是指纵向受力钢筋的保护层厚度,不是指箍筋的保护层厚度。
2、从梁边起的第一根筋距梁边距离可取二分之一该钢筋的间距。

问:P47,剪力墙墙身拉筋应怎样布置?

答:拉筋直径、间距由设计确定,位置应间隔跳花呈梅花状布置。

中国建筑标准设计研究院

平法钢筋软件-G101.CAC
——专为施工企业倾心打造 提供全面周到技术服务

结构施工图按"混凝土结构施工图平面整体表示方法"把结构构件的尺寸和钢筋整体直接表达在各类构件的结构平面布置图上,因而设计不再绘制构件详图,大量繁琐的钢筋数据计算已由设计环节向施工环节转移,增加了施工单位的工作量和技术难度,为此中国建筑标准设计研究院历时五年倾力研发出一套可以自动进行施工钢筋翻样、钢筋加工、钢筋算量的钢筋计算软件:平法钢筋软件-G101.CAC。

该软件与国标图集G101(平法)、SG 901(钢筋排布)配套使用,可自动进行钢筋施工排布设计,所以能更准确地完成钢筋翻样、计算,有效保证工程质量;软件可自动生成钢筋配料单、钢筋加工单、钢筋料牌、钢筋算量表单等施工表单,并提供人工编辑手段,全面辅助钢筋工程施工。

平法钢筋软件-G101.CAC系统操作简单,轻松学习掌握;计算准确可靠,满足下料和工程算量要求;应用优化断料,可节省大量钢筋;系统提供标准的表单,大大提高工程效率。

相信平法钢筋软件-G101.CAC的推出能为广大施工企业带来更有效的软件支持和帮助。平法钢筋软件-G101.CAC也将逐渐成为广大施工人员的有力工具。

地下工程暗挖施工穿越城市雨污水管线施工技术

◆ 童利红[1,2]

(1.铁道科学研究院，北京 100081；2.北京市轨道交通建设管理有限公司，北京 100037)

摘　要：地下工程暗挖施工穿越城市雨污水管线具有较高的风险性，本文研究分析了城市雨污水管线的特点和各种技术措施的适用条件、实施效果，特别介绍了二重管超前注浆穿越雨污水管线的应用，为同类工程提供借鉴和参考。

关键词：地下工程；雨污水管线；二重管注浆

概述

随着我国城市的发展，地下空间利用率不断提高，大量地下工程采用暗挖法施工。暗挖施工会引起围岩扰动，地面、临近建构筑物和管线等都可能随之产生沉降或变形；反之，地下管线，特别是城市雨污水管线变形后产生的渗漏水对工程施工安全会产生很大的威胁。城市地下管线种类繁多，如雨水、污水、热力、中水、燃气、电力和通信等等。目前，许多地下工程的安全问题都是由于地下水，尤其是雨污水管线渗漏引起的滞水、水囊等造成的，因此穿越大型雨污水管线施工具有较高的风险性。在工程施工管理中，常常将邻近的大型雨污水管线作为重要风险源进行管理，从工程技术措施、监控量测和管理程序等方面进行严格控制。

一、城市雨污水管线的特点

地下管线遍布城市的各个角落，城市主干道常常是地下管线干线走廊，埋设各种大型管线。雨污水管线是随着城市的形成发展而不断修建和完善的，与地下工程施工相互影响。与其他管线相比，城市雨污水管线具有如下特点：

(1)修建年代差异较大，埋深不尽相同，从城市建立初期的旧管线到刚刚竣工的新管线都存在，旧城区尤其突出；

(2)管线材质、基础结构、接头形式、施工工艺千差万别；

(3)管线维护困难，从投入使用到报废很少能得到较好维护保养；

(4)雨污水管线的破损和渗漏一般较为严重，常常形成水囊或滞水，邻近地层软弱；

(5)施工引起雨污水管线变形或破坏后常常会危及工程施工和周围建构筑物的安全，甚至产生难以估量的严重后果。

地下工程穿越雨污水管线，特别是大型干线施工时，首先应对管线进行全面的调查分析，包括管线的性质、材质、结构形式、接头形式、走向、埋深、敷设年代、施工方法、渗漏情况和维修保养状况，然后结合地下工程施工方法采取适宜的技术措施。

二、穿越施工技术措施

穿越雨污水管线施工应着力解决的问题有：管线渗漏引起的滞水水囊的处理、软弱地层加固、管线施工过程中的变形等。目前，主要从两方面来解决暗挖隧道穿越雨污水管线问题，一方面是对管线进行处理，如改移、修补加固管线、衬管等；另一方面是对管线周围地层进行加固，如地面注浆加固、小导管注浆超前支护、大管棚超前支护、深孔注浆处理等，技术措施分析比较详见表1。

对地下管线进行改移或导流处理可以达到消除施工风险的目的，有条件时应尽量对危险性大雨污水管线进行改移。修补加固管线或在其内部做衬管，能提高地下管线抗变形的能力，减小或消除管线的渗漏，为穿越施工提供良好的条件。修补加固管线和衬管施工需要提前对管内的水进行导流，在无水或水量较小的条件下才可以进行。当雨污水管埋深较深、改移困难且具有较高的施工风险时，应在穿越施工前对其进行修补加固或施衬管。

雨污水管常年渗漏以致周围地层软弱或出现水囊时，应提前进行处理，一方面加固周围地层提高抵抗变形的能力，另一方面起到止水作用防止暗挖施工时出现渗漏水甚至涌水的危险。地面有条件时应采用地面注浆进行处理，地面没有条件时可在洞内采用小导管、大管棚或深孔注浆措施进行处理。小导管、大管棚超前支护技术由于注浆压力较小，注浆固结体在地层中分布不连续，止水效果较差。

深孔注浆是近年发展起来的注浆加固技术，其加固范围比小导管和大管棚大，固结体强度较高，止水效果较好而广泛用于有水地层进行止水加固，如止水墙、盾构始发接收段加固等。二重管超前注浆是一种深孔注浆加固地层施工技术，其施工设备体积小，能在360°范围内进行钻进，适合在空间比较狭小的隧道内施工，可用于穿越距离暗挖结构较近、渗漏比较严重的雨污水管。

暗挖穿越城市雨污水管线技术措施比较分析　　　　表1

序号	项目	适用条件	实施效果
1	管线改移或导流	1、结构上方大直径雨污水管线； 2、距离暗挖结构较近； 3、结构较差、有渗漏，施工风险很大； 4、有改移条件或施工期间能进行导流	能消除管线引起的施工风险，安全可靠
2	修补加固管线	1、结构上方大直径雨污水管线； 2、距离暗挖结构较近，埋深较大； 3、结构较差、有渗漏，施工风险较大； 4、无改移条件，但可通过临近管线进行暂时导流从而进行管线修补加固	能提高地下管线抗变形的能力，减小或消除管线的渗漏
3	施做衬管	1、结构上方大直径雨污水管线； 2、距离暗挖结构较近，埋深较大； 3、结构较差、有渗漏，施工风险较大； 4、无改移条件，但具备施工衬管的条件	减小或消除管线的渗漏
4	地面注浆加固	1、雨污水管线常年渗漏形成滞水或水囊等不良地质体，地层软弱； 2、地面允许进行注浆施工； 3、管线能进行处理或采取适宜措施以防止浆液灌入管线中	加固地层，提高地层抵抗变形的能力和稳定性；具有止水效果
5	小导管注浆超前支护	1、结构上方雨污水管线直径较小，不进行改移； 2、管线距离暗挖结构较远，结构较好、基本无渗漏现象； 3、地层稳定性较好，无滞水、水囊等不良地质体	能提高地层稳定性，但注浆固结体不连续，止水效果较差
6	大管棚注浆超前支护	1、结构上方雨污水管线直径较大，改移难度较大； 2、管线距离暗挖结构较近，结构较好、无严重渗漏现象； 3、地层较软弱，没有大量滞水或水囊等不良地质体	能提高地层稳定性，防止出现整体性坍塌，但注浆固结体不连续，止水效果较差
7	深孔注浆超前支护	1、结构上方雨污水管线直径较大，改移难度较大； 2、管线距离暗挖结构较近，结构较差、渗漏比较严重； 3、地层软弱，局部有滞水或水囊等不良地质体	能提高地层稳定性，注浆固结体强度较高，具有较好的止水效果

三、二重管超前注浆穿越雨污水管线施工技术

二重管超前注浆技术是在地面注浆的基础上发展而成的，即采用TXU改型钻机，将二重管作为钻杆使浆液在钻杆端头完全混合再注入地层。施工时根据地层情况配制溶液型或悬浊型浆液，通过调节浆液配比和注浆压力来控制浆液的凝结时间和注入范围。注浆体相互衔接，在隧道拱顶形成一定厚度的水泥固结体，具有较高的强度和良好的止水效果，可在其保护下进行开挖和结构施工。二重管超前注浆施工技术在北京地铁十号线光华路站风道大断面结构穿越雨水管施工中得到成功应用。

1.工程概况

光华路站的东侧为中央电视台新址，西侧为财富中心，东南风道位于东三环道路下方。抬高段抬高高度为3.4m，坡度约35°，如图1所示，断面开挖尺寸为宽×高=11m×(15~17)m，初支结构施工采用CRD工法，分四至五层、八至十洞开挖。抬高段雨污水管线密布，其中一根φ1800污水管位于编号二次抬高过渡段上方，经调整后污水管与结构最近距离为1.6m。φ1800雨水管修建于1979年，采用顶管施工，管段之间连接采用麻辫，缝隙填石棉灰，钢丝网水泥砂浆抹段接口，渗漏水的可能性很大。施工时管中水深1.0m，水流湍急，雨水管与风道结构之间主要为粉质黏土、砂质粉土和细砂，施工风险很大。为确保施工安全，必须采取可靠的超前支护措施，该措施应具有

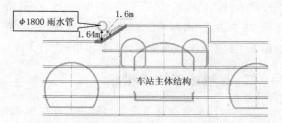

图1 φ1800雨水管与东南风道的位置关系剖面图

一定的刚度，且止水性较好。

2.工程实施难度分析

风道过雨水管具有很大的风险性，实施难度分析如下：

(1)雨水管与结构的开挖面距离近，最近处为1.6m，结构在该位置大角度(35°)挑高，由四层八洞过渡为五层十洞开挖，增大了施工难度和风险。

(2)雨水管采用顶管法施工，年久失修，水流急、水量大，出现渗漏水的可能性很大，一旦涌水后果非常严重。

(3)风道开挖断面大，采用CRD工法，多层多导洞施工，对地层的扰动次数多，沉降量较大，与雨水管的相互影响显著。

(4)风道位于CBD核心的东三环主路下方，距φ1800雨水管仅5.0m处尚有1800mm×2300mm污水方沟，水流湍急，施工必须保证万无一失。

3.注浆加固方案

综合考虑风道的施工工法和实施难度，采用二重管超前技术对开挖面至雨水管间地层进行注浆加固，其中纵向加固范围为二次抬高过渡段，横断面加

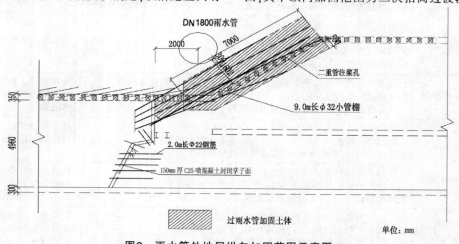

图2 雨水管处地层纵向加固范围示意图

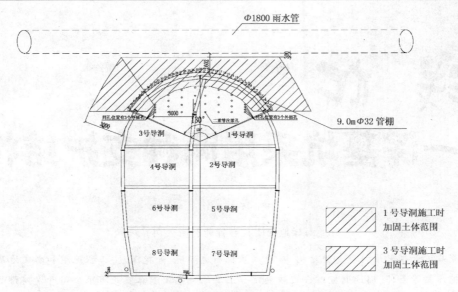

图3 雨水管处地层横向加固范围及注浆孔布置图

固范围为上层导洞结构内0.5m到雨水管底之间的土体，两侧部位加固厚度为结构外3.0m，详见图2和图3。地层加固施工的具体措施如下：

（1）右侧上层导洞施工至距抬高段起始点2.0m时，采用150mm厚C25喷射混凝土封闭开挖面，下台阶梅花状打入2m长Φ22钢筋加筋改良土体，保证开挖面的稳定性。

（2）进行二重管注浆，加固导洞拱顶及侧部土体，中隔墙部位向左侧导洞范围内加固范围不小于3.0m。采用洞内放射型注浆方式，从外围到中心进行施工。

（3）注浆完成后，距结构开挖线250mm处沿外轮廓以抬高坡度为角度，采用TXU钻机成孔，然后顶入9.0m的内径Φ32@300的钢插管并灌浆。

（4）采用洛阳铲超前探测注浆和地层情况，开挖左侧导洞进行初支结构施工。

（5）右侧导洞施工至距抬高段起始点2.0m时，加固方法相同。但由于右侧导洞为施工完成的结构，注浆时必须严格控制注浆压力，靠近注浆一侧需在结构上设卸压或卸水孔，加强巡视，确保结构的安全。

4.实施效果分析

注浆施工前，超前探测显示管底有黑色淤泥质软土，含水量高，有渗水现象。注浆完成后，从实际开挖情况分析，注浆起到了良好的加固和止水作用，在粉细砂层和软弱层中扩散性较好；在黏性土中表现为劈裂注浆，浆液呈脉状扩散，在层理好的地方沿层理扩散；加固体强度高，开挖后没有出现任何渗漏和坍塌现象。如图4所示。

四、结论

地下工程施工穿越城市雨污水管线是风险较高的工程，风险不仅在于施工对管线的影响，更体现在雨污水管线变形会破损对工程施工的安全和周围建构筑物的影响，因此，必须引起高度重视。各种穿越雨污水管线的技术措施适用条件不同，施工时应对地下管线和周边环境进行详细调查和分析，针对性地采取措施，确保工程安全。

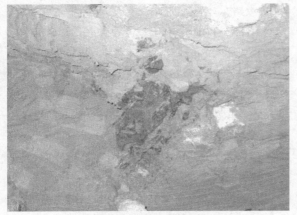

图4 注浆效果图

工程实践

浅析"同一深基坑采用两种支护结构"

◆ 龚建翔

（上海绿地集团长春置业有限公司）

摘　要：深基坑开挖采用何种支护结构，应根据基坑周边环境、开挖深度、工程地质和水文地质、开挖方案等条件，因地制宜综合比较确定。上海绿地集团长春置业有限公司开发建设的"长春上海广场"项目，在同一深基坑中综合采用了钢筋混凝土桩锚结构和土钉墙结构，既满足了基坑支护结构安全，又较单一基坑支护结构降低了工程成本。文章归纳了采用上述两种结构所取得的经验和遇到的一些问题。

关键词：深基坑；桩锚结构；土钉墙；基坑降水

一、问题提出

随着城市化进程加快和城市人口规模不断膨胀，为了缓解用地紧张的矛盾，高层建筑和超高层建筑进入了高速发展时期。深基坑工程的降水与支护是高层建筑和超高层建筑基础施工过程必不可少的阶段。寻找既能满足基坑支护结构安全，又能降低建筑成本的施工技术，成为工程技术人员日益重视的课题。

二、深基坑工程特点和通常选用的支护结构

1.深基坑工程首先是深度深，基坑深度一般超过5m。并且深基坑工程常常会遭遇丰富的地下水。

2.深基坑围护体系安全储备较小，且有较强的区域性。

3.深基坑工程具有较强的时空效应。即土体的徐变与作用在围护体系上土压力的时间相关联。

4.深基坑工程是系统工程，其中包括围护体系设计、施工和土方的开挖、降水等工程。

5.深基坑工程具有环境效应。基坑工程通常与周边的建筑物、道路、管线距离较近，其开挖降水势必引起周围地下水位变化和应力场的改变，严重的将危及相邻建筑物、构筑物及地下管线的正常使用。

6.深基坑工程通常采用排桩、地下连续墙、水泥土墙、土钉墙、逆作拱墙等支护结构。在工程实施过程中，通常根据地质条件、基坑深度、地下水情况等，采用不同的支护结构形式。

三、"长春上海广场"项目的概况和开挖支护方案的优选

"长春上海广场"项目位于长春市繁华的商业街"西安大路"与"安达街"的交会处，是一个集商业街、5A级写字楼、LOFT办公于一体的大型公共建筑。该工程南北长115m，东西宽48.2m，基坑开挖深度11.5m，一次开挖面积近5000㎡。基坑四周紧临城市交通干道和轻轨车站站台。该区域地下管网密布、地下水蕴藏丰富、施工现场狭窄。该基坑的开挖和支护具有很大的难度和风险。

根据施工现场的实际状况，我们将基坑东侧作为临时施工道路，并在基坑东侧支护桩边缘布置了2台120m高的附着式塔式起重机，在临时施工通道上，我们考虑到60t重混凝土搅拌运输车的通行和混凝

土汽车泵的停放。在基坑的其他三个方向上的地面，由于场地的限制，没有考虑其他的附加荷载。

根据"长春上海广场"项目的实际状况，地下水蕴藏丰富，基坑附加荷载相差悬殊。我们在对投标单位上报的基坑支护方案进行评审时，发现所有方案都有单一性缺欠——或只为桩锚结构，或只为土钉墙结构。桩锚结构风险小却成本高，而土钉墙结构虽成本低但风险大。根据"长春上海广场"项目基坑四周不同荷载的实际，我们提出了采用不同的支护结构的构想，并得到了省内知名岩土与结构专家论证的认可。由此，达到了优化方案、确保结构安全、降低成本的目的。同时也在吉林省首创了"一坑双护"的新的支护理念。

四、同一深基坑采用两种支护结构在"长春上海广场"项目中的效果及遇到的问题

"长春上海广场"项目采用桩锚支护结构和土钉墙支护结构，既满足了结构安全和使用功能，又使工程造价较单一桩锚结构降低了34%，同时打破了在长春对深基坑开挖施工中只采用单一支护结构的形式。

我们在"一坑双护"结构上取得了一些经验，也遇到了一些问题。这些问题是：

1.基坑开挖前的降水问题

基坑开挖前，如果降水没有达到预期的效果，将对土钉墙支护结构产生很大影响。以"长春上海广场"项目为例，根据当初制订的施工降水方案，需沿基坑四周布置间距为7.5m、直径为600mm的管井44眼。由于布井时没有考虑对地下水的上水头方向增加管井数量，或增大管井的直径，因而在基坑南侧地下水上水头部位，降水没有达到预期的效果，局部出现由于地下水冲刷而造成的塌方。后期对该部位的地下水采取了"引流"、"补井"等截水措施，同时，对塌方部位增打了钢管支护桩，才使其达到了当期的设计要求。

2.基坑降水的周期问题

基坑开挖前后都有一个合适的降水周期，如果基坑降水没有达到降水方案的要求周期，势必影响基坑的降水效果，影响土方的开挖、装车和外运。降水周期的长短还直接关系到土的排水固结、土体的强度、刚度、流变性，因而降水效果的好坏，在一定程度上直接影响土钉墙支护结构的质量和施工进度。

3.土方的开挖与支护结构的协调配合问题

土方的开挖与支护结构的协调配合直接影响工程的进度和质量。"长春上海广场"项目的基坑开挖方案采用"分层中心岛"式开挖，即在中心岛未挖除前，进行土钉墙和桩锚的施工。采用该方案既可利用时空效应减少基坑的变形，又可使基坑开挖和土钉、锚杆施工连续均衡进行。但是，在实施过程中，经常由于双方协调配合不利，出现土方超挖现象。这样不仅影响土钉墙和桩锚的施工进度，还造成土方超挖后要搭设临时支承结构而增加费用支出。

4.钢筋混凝土支护桩施工延误土方开挖问题

"长春上海广场"项目钢筋混凝土支护桩，采用长螺旋钻杆成孔，超流态混凝土浇筑的施工方式。这样的施工方式要在土方开挖前先行成孔，在浇筑的混凝土达到设计强度后方可开挖土方，安装支护桩的锚杆和腰梁。由于混凝土养护期限的要求和施工顺序的先后，会造成最后施工完的桩体最后开挖土方，在一定程度上干扰了土方开挖方案的实施。

5.两种支护结构交会处形成的薄弱环节问题

由于同一基坑采用钢筋混凝土支护桩和土钉墙两种支护结构，往往在两种支护结构的界面部位形成薄弱环节。

五、对"一坑双护"遇到问题的解决方案

1.关于"基坑开挖前后的降水"问题，应着重考虑到场地周围的工程地质和水文条件，并结合基坑的开挖深度、面积，合理设置管井的数量和管径的大小。

2.关于"基坑的降水周期"问题，应根据开挖的期限，合理地进行提前基坑降水，在满足分层开挖条件后开挖，在达到抗浮要求后，停止降水、回填基坑。

3.关于"基坑的开挖与支护的协调配合"问题，要由支护结构和土方开挖的施工双方，提前制订施工组织计划，并经讨论、达成一致后实施。在实施过程中，为保证施工正常、有序地进行，双方还应根据随时发生的问题进行协调处理。

4.关于"钢筋混凝土支护桩施工延误土方开挖"问题,为保证施工的连续性,只要合理布置钢筋混凝土支护桩的施工顺序,并在施工后期,在拌制混凝土时,加入早强剂,即能使先后施工的桩体达到同期等效的强度。

5.关于"两种支护结构交会界面的处理"问题,可用两种办法解决,其一,在土钉墙施工时,在界面交会处增加适量的土钉锚杆;其二,在支护桩施工时,将桩端向土钉墙延伸2m左右即可。

总之,基坑支护结构的选用应根据施工现场的实际情况,结合施工方案,综合选用。在实施过程中,还应随着工程的实施情况调整完善,并加强过程控制和必要的检测手段。这样才能实现在技术可行、经济合理的前提下的风险最低,最大限度地实现工程项目管理的目标。

参考文献:

[1]国家标准.建筑地基基础工程施工质量验收规范(GB 50202—2002).北京:中国计划出版社.

[2]行业标准.建筑基坑支护技术规程(JGJ 120—99).北京:中国建筑工业出版社.

[3]高层建筑施工技术.北京:机械工业出版社.

[4]上官子昌.地基基础与地下防水工程监理细节.北京:中国建材工业出版社.

[5]基础工程.第2版.北京:清华大学出版社.

纽约:摩天楼用冰块降温:节能、耐用但成本高

夏日炎炎,酷热难当,城市摩天大楼和公寓纷纷开启空调,使得城市电力供应到达极限,这是现代化城市不可避免的问题。美国人口最稠密的纽约,夏日耗电量甚至高于智利一个国家的全年耗电量。不过,纽约大公司找到了新的节能之策——冰块降温。

三大优势:节能、环保、耐用

峰值用电量骤降

瑞士信贷集团采用冰制冷系统,使大都会人寿保险大楼的峰值用电量降低900千瓦,年用电总量减少215万千瓦时,省下来的电量足够200个家庭使用。而在摩根士丹利投资银行西切斯特郡办公大楼,由于冰制冷系统的使用,峰值用电量降低740千瓦,年用电总量减少90万千瓦时,相当于植树数千平方公里。冰制冷系统减轻了纽约电网的供电压力,还降低了城市污染。瑞士信贷集团采用此系统,相当于在街道上减少了223辆汽车的流量,或者植了190万英亩(近7700平方公里)树林,用来吸收因每年用电所产生的二氧化碳。在一座绝大多数二氧化碳排放均来自于建筑物的城市,这种降低污染物的方法值得借鉴。纽约州政府官员表示,全世界至少有3000套冰制冷系统。

运行效率高不易生故障

瑞士信贷集团在大都会人寿保险大楼的办公区域达190万平方英尺(约1万7千平方米)。在瑞士信贷集团的地下室,有三个主制冷间,装有制冷机和64个小水池,每个水池800加仑水。瑞士信贷集团的办公区还备有一套传统空调系统,但工程师们可以优先选择更节能的系统。

冰制冷系统的建设工期约为四个月,公司工程师表示,系统运行效率极高。特灵能源服务公司的康拉德表示:"空调的机械系统容易发生故障,操作不当会停止运转,而地下四层的大冰块大不了融化,除此之外不会发生任何意外。"

三大劣势:体积大、成本高、维护贵

不过,冰制冷系统并不适于所有的办公空间,因为安装大水池需要空间。而投入也相当大:瑞士信贷集团维护其制冷系统的费用高达300多万美元;摩根士丹利投资银行的维护费用也相差无几,这意味着这项技术最适合经济实力雄厚的大公司。

康拉德说:"冰制冷系统适合一些追求环保的公司。如果再多一些益处就好了,比如投资的回报。制冷系统之所以只有大公司才用得起,是因为它们的制冷成本十分高昂。"

冰储存制冷系统

一些写字楼靠冰块达到室内降温的目的,同时还可以帮助缓解环境压力。这些冰块是在晚上电力更加充足的时段制成的,造价低廉。

晚上

冷却器单元将乙烯甘油溶液冷却到冰点以下的温度,溶液在水罐的管子里循环,让里面的水结成冰。

白天

冰融化,管子里的溶液保持低温。冷冷的溶液流过一个热交换器,给那里的空气降温。

以卖方信贷模式实施苏丹鲁法大桥风险分析

◆ 韩周强，杨俊杰

随着我国对外贸易额不断扩大，外汇储备迅速增加，政府倡导企业"走出去"，实行优惠贷款、贴息、前期费用补助、出口退税等多种政策支持企业海外投资或承包工程。桥梁工程总承包一般指桥梁工程承包企业受业主委托，按照合同约定对桥梁工程项目的勘察设计、材料采购、工程施工、竣工验收等全过程或若干阶段的承包建设，需资金量大、时间跨度长、潜在风险较多。卖方信贷是指为了解决出口商以延期付款方式出售设备而遇资金周转困难，由出口商所在国银行提供的优惠贷款。本项目业主既暂时缺乏资金又急需项目早日建成，要求承包商先垫付资金，然后通过延期支付方式付清本金和相应利息。我国建筑企业走向国际市场的愿景日益迫切，国家政策支持力度强劲，通过国内银行操作获得低息贷款，垫付资金，实施项目，这成就了卖方信贷国际模式得以逐渐应用到国际工程建设领域。鉴于桥梁工程总承包的复杂性、实施卖方信贷的周期性、并具较高的风险性，一般企业较少采用。但通过对其实施风险进行详尽分析并采取有力措施规避，承包此类项目肯定能从中获得较为理想的综合效益。本文拟借苏丹鲁法大桥项目的实施，略论其风险并提出规避措施，供同行切磋。

一、项目概况

2004年8月，由中方某科技集团与中铁某局组成的联营体作为B方，与苏丹财政部及公路局组成的A方签订了承建苏丹鲁法大桥设计、施工总承包合同（D-B模式），合同价1278万美元，其中工程总造价1102万美元，其余为延期支付利息及保险费用。

2005年8月，在A方收到B方支付的预付款后，开始进行地质勘探，2006年6月完成设计，当年，双方根据设计重新修订了合同，合同价调整为2275万美元，其中工程总造价1998万美元。

该桥位于苏丹首都喀土穆南130km青尼罗河上，包括主桥、引桥、跨线桥和匝道等。主跨60+90+60连续箱梁，河西岸近邻苏丹WAD-Medani主干公路为40m槽型梁，另有匝道及路基2.1km连接既有公路。该项目于2007年3月开工至今一直进展顺畅。

二、项目实施流程

实施卖方信贷项目，由于不仅仅涉及业主(A)和承包商(B)，银行(D)、苏丹银行(C)、保险公司(E)也参与到其中，因而远比一般的工程建设流程要复杂些。见图1，鲁法大桥项目实施流程。

从鲁法大桥项目实施流程看：

1）业主A与承包商B签订合同是承包商B从银行D获得贷款的前提，贷款银行D通常要求项目的预付定金为15%，贷款额度一般不超过85%；

2）承包商获得业主所在国银行保函C是获得贷款的必要条件；

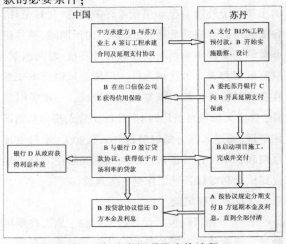

图1 鲁法大桥项目实施流程

3）由于出口信贷是国家政策支持的，银行给承包商以优惠利率贷款，其利率差额能从国家获得；

4）贷款与还款都在承建方B与本国银行D之间进行，B需直接从业主A处回收延期工程款及利息；

5）工程延期支付款付清后合同才能终止，合同执行期较长，一般为5~10年。

一般情况下，使用出口信贷时，出口商除了要支付出口信贷利息外，还要支付信贷呆险费、承担费、管理费等，但该费用全部附加在出口的设备价格中。

三、项目实施中风险分析

实施海外工程采购项目，比产品出口风险本身就高，采用卖方信贷模式使其运作更复杂、周期更长，而风险更高。在项目实施前，进行风险分析的必要性，显得尤为重要：

1.政治层面风险

自20世纪50年代以来，苏丹南-北方因政治、民族、宗教、文化等存在的差异突显，矛盾激化并引发了数次内战，造成数百万人丧生数百万人流离失所。2005年1月签订和平协议，结束了20余年的内战。长期武装冲突和政治动乱，经济遭受沉重打击，基础设施严重破坏，经济建设停滞不前，该国成为世界上最贫穷的国家之一。和平协议规定的过渡期为6年，而后将就是否统一或独立问题进行公投，此为苏丹能否成为统一的国家并保持和平、稳定、发展的局面埋下深层次的潜伏危机。

走向和平后的苏丹强烈地启动了基础设施建设的愿望并予外国工程承包企业许多优惠、利好条件，鲁法大桥的合同期恰逢在2005~2010年期间，项目组非常珍惜工程实施期间获得的政治环境、时间因素、政府政策和人为等优越条件。但政治风险影响依然存在，如获得长期工作签证周期较长，一般需时数月。鲁法大桥项目组历时8个月仅少数人获得长期居住签证，而进入苏丹临时签证时效仅30天，临时签证过期和长期工作签证未获准期间，其居住的合法性受到质疑和难以开展工作是一大风险。

2.技术方面风险

技术方面风险包括设计技术风险、施工技术风险等。承建桥梁工程项目的设计施工总承包存在一定技术难度，因此必须要考虑技术上的风险，忽视这一点将会造成重大损失。如本项目最初在签订合同时，预测所有桩基础深度不超过30m，但经过勘察后，设计桩长达到了56m，差距颇大。使桩基造价由原来的120万美元陡增到680万美元，不仅因为桩基加深造成了工程量增加，且因为实施50m深桩对钻孔设备性能要求明显提高，使设备投入加大，同时也要求工期的延长。虽然，在此合同执行过程中，通过数次谈判双方取得妥协，业主最终认可了这种变化，但增加了工程的难度，工程量的增加并没形成利润率的提高。

3.运输的风险

运输的风险及其发生的费用主要来自材料、设备、周转材料、临时设施、办公设施和试验设备。根据最初测算，海运、陆运，如加上储存、损耗、检验、保管等多个过程环节，其费用约占工程总价的10%以上（从苏丹港到项目所在地1300km）。材料物资损耗，最初按5%考虑，从目前实际消耗来看，钢筋接近5%，水泥超过10%，地材超过10%，实际发生的费用很可能要超出这个数据。因此，承包商要投入一定的场地、人力、财力和制订各项细节化的规章制度，以控制该项风险的扩大，保障设备材料物资按时、按需、按质到位，是成功实现项目的基本保障条件之一（表1）。

4.汇率风险

执行卖方信贷承建合同，付款是即期的，收汇是远期的。美元贬值对企业收益的影响是负面的、严重的。在该项目实施中，设备、钢筋、临时用房都是从国内用人民币采购的，碎石、砂子都在苏丹用当地币（苏丹第纳尔或磅）购买，延期收款是美元。因此，人民币、

物资运输费用表（不含地材） 表1

序号	分项	退税前合价（万美元）	退税后合价（万美元）	海运费用	苏丹运费	现场合价
1	水泥		168.0	50.4		218.4
2	钢筋、钢铰线	134.4	96.0	14.4	9.6	120.0
3	设备	280.5	157.6	39.4	32.8	229.8
4	周转材料	186.7	106.6	26.6	32.1	165.3
5	临建设施	11.9	7.2	1.7	1.7	10.6
6	测量试验设备	4.6	2.8	0.7	0.7	4.2
7	办公设施		3.2	0.8	0.8	4.8
8	合计	541	84	128		753
	占工程总价		27.08%	4.20%	6.41%	37.69%

苏丹币升值对承包方B都是负面影响。在2004年8月签订最初合同时,汇率为1美元兑8.2元人民币,到2006年11月修订合同时,人民币升值,1美元兑7.97元,到2007年8月,人民币升值到1美元兑7.56元,比最初签订合同时升值7.8%,而目前人民币对美元升值的趋势仍很明显。另苏丹币也在不断升值,在2004年8月1美元可兑260苏丹第纳尔,到2007年8月1美元仅兑201苏丹第纳尔,苏丹币兑美元升值22%。以上提到的是汇率中间价,实际运作中,承包商需将美元分别兑换成人民币和苏丹币,进行采购和支付员工工资,银行买入美元的价格是低于中间价的,对企业极为不利。

5.收汇和利率风险

尽管项目有担保和信用保险,收汇风险仍然是存在的。在业主和担保银行到期不还款的情况下,信贷保险公司赔付率为90%,剩余10%要由承包商承担。利率风险也应考虑,贷款利率是国家确定的,国家根据经济情况进行调整。但承建商与业主签订的协议利率是固定的。因此,遇到国家提高贷款利率时,企业就要受到损失了。事实是在2007年,苏丹财政出现困难,业主并没按照合同中延期支付规定的日期支付款项,给承建方B造成了一定损失。作为承建方考虑收汇风险是非常必要的。

6.商务方面风险

该项目的商务风险主要包括合同风险、采购风险、财务风险、履约风险等。按照国际惯例,承包商承担工程总承包合同风险较之传统施工承包风险大得多,苏丹的合同中有许多不尽合理的条款要承包商负担(另文详解);设备材料采购成本约占总成本的60%以上,如该项目遇到水泥供应及质量中出现的多个问题即是一例;财务风险主要表现在资金垫付、融资环节、违约赔付等;履约风险在本项目上是延期支付预付款(15%)、拖延支付进度款、履约保函的银行担保等;索赔问题也是商务风险中的一大难点。

四、应对举措

上述六个方面的风险解析,说明项目风险是企业运作卖方信贷模式首先应考虑的关乎项目成败的突出问题。通过进行风险分析,采取下面九项规避和减低风险的措施,是扎实并成功运作该类项目的有效途径。

1.树立风险意识,落实风险防范

投标阶段就要心中有数,留有一定的余地,在报价中要对桥梁的功能、业主要求、工程结构单价、工程总价等作出精细的测试与分析;对合同通用条件、专用合同条件等严格评审,凡是涉及工程开竣工的时限、工程款结算、违约处罚以及经济的法律责任等条款,都应在合同中有明确的定义与规定,避免合同歧义,消除合同隐患;加强成本预测和成本控制管理,特别在材料和设备供应、维护、保管方面,应有专人、专项的岗位负责制;全方位全面地遵守、监督和执行合同,在合同中酌情加入当现场条件起变化时的总价与不可预见费的处理条款等。

2.精心组织,强化管理

为保证该项目有效地降低风险,重要的一条就是组织保证。为此,项目部设置了如下精干、高效、负责、到位的组织机构及其岗位职责及其细则,什么是岗位负责制?岗位负责制就是岗位负责心(表2)。

3.采取有效的技术方案措施

针对桥梁项目的风险,提前作好应对,断决可能

各部门管理主要职责表　　　　表2

部门名称	人数	主要职责
项目经理	1	全面负责工程实施与施工组织管理,保证质量、合同工期、施工进度、工程成本费用等工程目标的实现
项目副经理总工程师	4	一名副经理具体负责现场施工安排;一名副经理负责对外联系及物资保障;一名副经理负责营地行政管理及生活保障;总工负责施工技术、制订施工方案、攻克技术难关
工程部	3	负责施工技术指导、交底、监督、检查,工程试验与测量及环保
计划合同部	2	负责工程合同管理、制订各阶段施工计划、工程计量核数等
财务部	1	负责工程财务管理与成本核算
设备物资部	2	负责施工机械、设备管理、材料及物资供应管理和清关等工作
综合办公室	2	负责文秘、宣传、对外接待、医疗、生活保障等具体工作
合计	15	

注:上表中的管理人数视工程进展可作适当调整。

的风险源,包括做好:桥梁施工方案、便桥与施工平台施工方案、钻孔桩施工方案、承台施工方案、墩台身施工方案、主桥预应力混凝土连续箱梁挂篮法施工方案、桥面系及附属工程施工方案等。

上述方案必须确保工程质量及进度,充分利用机械施工,做到路线及桥梁施工互相协调、密切配合,多开工作面,提高机械化施工水平,加强工程计划管理,使整个工程形成分工分层、多条流水线同步进行的作业方式,促进工程顺利进行。为此,特制订了上述桥梁各主要分项工程施工方案的更细化的技术操作措施。

4. 利用金融工具避险

从上面分析,汇率风险对承包方的收益影响最为直接和深远。承包商在实施项目过程中,收到的是美元远期,承包商可以利用金融衍生工具,按照延期支付协议中规定的付款期数和金额,购买"远期卖出美元"的看跌期权。这样,承包商从业主处每收到一笔美元,都可以按照期权约定的价格卖出。如果美元升值,承包商可以放弃行权。当然,买期权是有成本的,但可以达到企业规避风险的目的。

5. 提高工程报价

与高风险相对应,企业应该获得高收益。从运作过程明显看出,承包商和业主的风险不对称,承包商需要把一部分风险分配给业主。而转移的途径只能是以满足工程功能为本、以技术措施为缘由、通过报价策略调整好单价、提高工程合同价款来实现。承包商以卖方信贷方式,实施设计、施工总承包工程,从开始商谈合同到工程开工、竣工、验收、工程款结清,周期非常长。除了银行贷款利息外,企业利用期权避险、购买信用保险、换汇等都有财务成本,这是实施一般工程项目所没有的额外成本。值得注意的是,对此承包商采用低报价获得合同、再通过索赔大幅度提高报价的方式是不可取的。这样做,对合同双方都会造成伤害,影响双方长期发展。

6. 做好业主还款能力的评价

银行向承包商贷款,银行会对企业信誉、还款能力进行系统评价。承包商与业主签订延期支付协议,承包商也应评价业主的还款能力。通常业主愿意以卖方信贷模式投资项目建设,说明业主目前缺乏资金。如果项目成功建成,业主能通过该项目运营,获得直接收益,将来还款资金是应该基本有保障的。但项目建成后,业主不能通过此项目直接获得收益,而需要通过其他项目的运营或融资方式来获得资金的话,承建方就应该特别关注业主未来资金的获取渠道。如果业主对其他项目投资也是大于收益,业主能否按期付款就很难说了。本项目的业主是苏丹财政部,代表国家执行项目,但其还款能力也是有限的。

7. 采用联营体模式分担风险

鲁法大桥项目实施中,承包商采用了联营体方式,已取得了明显成效。不同的企业,各具自身优势,众强联合经营,更能发挥联营的巨大能量,达到经济效益最佳化的目标。以卖方信贷模式实施工程项目,要求企业既要有融资能力也要有技术实力,更要有高的抗风险能力。通过联营体,企业之间取长补短,发挥各自优势,并共同承担风险,使得项目成功实施的机率大大提高。

8. 做好清关免税工作

根据中苏双方协议规定,本项目是免税项目。但是免税不能产生效益,免税的因素使报价中不允许含任何税种税率。而在实际运作时,清关免税手续非常繁杂,免税承办正常需要20天左右,办理清关通常需要9~30天。集装箱清关比较慢,至少得15天。这样,有些急缺货物,在没办免税情况下先付税款再清关。而一旦付款后很难获得退税,乃致造成了经济损失。另外,苏丹财政部和海关汇率换算不一致,往往在海关经常需要再交一部分现金才能获得通关,该笔差额累计数量也相当可观,能否将来从苏丹财政部要回来很难说。苏丹的增值税10%,计量税1%,伤病税1%,码头税2%,关税3%~80%等(苏丹免税清关办理流程见图2)。

9. 关于工程设计

该项目由中铁某局设计施工总承包,设计部分委托铁5院设计,设计院派代表在现场专门负责设计变更和沟通铁5院相关事宜。此桥在签订最终合同时,只提供给苏丹方工程量单。合同签订后,完成设计图时通过优化,工程量有所减少;另外,工程量单中有75万美元是不可预见费,可以处理将来工程量

案例分析

TAX–EXEMPTION & CLEARING PROCEDURE FOR CARGO IMPORTED IN SUDAN

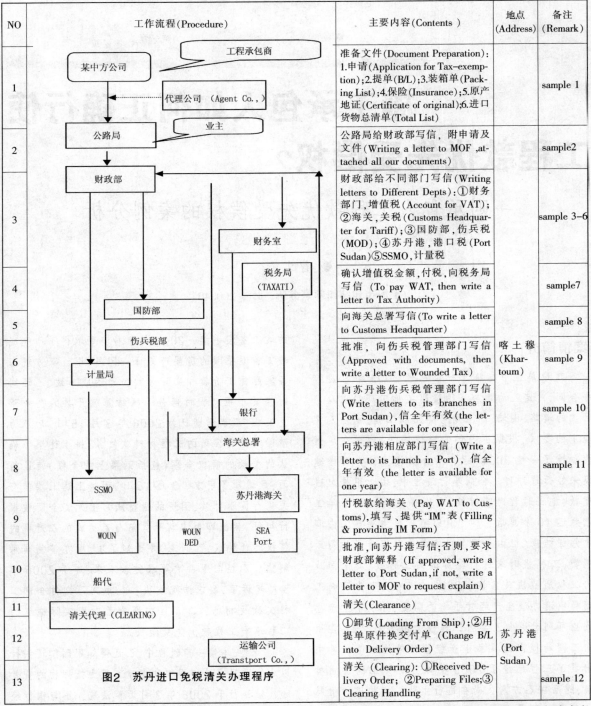

图2 苏丹进口免税清关办理程序

增加。由于最初设计院对桩基长度设计比较保守,实际钻孔中主桥没增加桩长,预计其他可能发生的变更工程量增加都不大,因而从报价角度讲设计风险比较小些。

另外,最初合同中有桩基承载力试验,基于成本考虑和设计院认为桩设计比较保守,取消了承载力试验,只做完整性测试。从整个工程总承包的风险预测,这可能是该桥的最大的设计风险,应引为注意的。

施工承包人如何正确行使工程款优先受偿权？
——一则承包人工程款优先受偿权的案例分析

◆ 曹文衔

(上海市建纬律师事务所，上海 200040)

[案情简介]

建设单位甲与施工单位乙于2003年8月签署合同，约定乙为甲施工两幢服装加工厂房以及厂区内的道路、围墙、门卫用房等附属工程。随后乙又应甲的要求，根据甲提供的设计图纸，为甲在厂区内加建了一幢300m²的2层办公楼，该办公楼建设未经行政许可。合同履行过程中，由于甲拖欠进度款，施工过程时断时续，在比合同约定的1年工期延迟10个月后，即2005年6月主要施工内容才勉强结束。但由于甲欠付有关本项目建设的行政规费，工程当时未进行实际的竣工验收，更未向政府工程质监机关备案。2005年5月，甲为了向工商局申请办理生产经营手续的需要，并以早生产早收益可利于甲向乙早付工程款为由要乙帮忙，在甲向工商局提出的具备生产经营条件的申请文件中出具了工程已经于2005年4月底完工的证明材料，随后在乙方人员尚在进行主体工程扫尾和附属工程施工的情况下，甲在作为生产车间的厂房中安装了生产设备以接受工商人员的现场查验。2006年1月初，除围墙、门卫用房和无建设手续的办公楼外，其余工程均正式办理了竣工验收和向质监站

的竣工备案手续。2006年2月，甲取得了已完成竣工备案手续的房屋产权证。同月，甲乙双方就工程实际施工价款和实际欠款金额达成一致，乙还同时接受了甲就支付部分工程结算款开具的企业承兑汇票，汇票到期日为2006年3月15日。后乙为清偿其对丙公司的工程材料款债务，将上述甲方确认的欠款的债权全额(包括汇票上的金额)转让给丙，且通知了甲方。3月16日，丙携上述汇票向有关银行提示付款，因甲的银行账户上无资金而被银行拒付。丙随即要求解除先前与乙达成的乙对甲的债权转让协议，乙同意，并通知了甲，甲亦答复同意解除。乙经向甲再次要求付款未果，遂于2006年3月起诉甲，要求法院判决：一、甲向乙支付全部工程欠款及利息；二、厂区内所有乙对甲实际施工的工程享有工程款优先受偿权。

此外，本案一审过程中，乙还得知甲因偿还银行以本案项目土地使用权和在建工程为抵押物的贷款违约被银行于2006年2月诉至法院，甲与银行经一审调解结案。调解内容主要为：甲同意以涉案工程所在厂区的全部动产和不动产折抵清偿对银行的部分欠款。银行依照法院根据上述调解书作出的裁定，正在向房产登记机关申请产权变更登记。

[本案争议焦点及法院判决]

争议焦点：本案原告乙法定可行使工程款优先受偿权的起始时间如何认定？

最高法院有关司法解释规定，施工人行使工程款优先受偿权的期限为6个月，从合同约定的竣工日或者实际竣工日起算。原告认为，工程竣工日期应以甲乙双方共同确认的验收记录以及政府工程质监机关的相关查验记录和备案文件上记载的时间为准，因此本案工程的竣工日期应为2006年1月初。而被告认为，原告出具给工商局的证明材料中已经表明工程于2005年4月底完工，被告已表示同意，这表明双方已经就工程实际竣工日期达成了一致。现原告要求以2006年1月初验收备案时间为实际竣工日期是出尔反尔，不应得到支持。

法院判决认定，本案工程的竣工日期应为2005年4月底，理由是：第一，就解决本案纠纷而言，工程竣工日的确定不必然要求承发包双方有正规的验收过程记录，竣工文件的行政机关备案也仅是为行政管理的需要，不是原被告之间民事合同是否履行的必要证明。即便工程在当时事实上未竣工，但原告在被告告知实情的情况下仍愿意出具2005年4月底完工的证明，也表明原告自愿接受了宣称工程提前竣工可能对其产生的不利后果。第二，法院依职权向工商机关调取的2005年5月中旬工商人员对被告是否具备生产经营条件的现场查验记录表明，至少在查验日，被告已经实际使用了上述工程，并已做好服装生产的准备。该事实也间接印证了2005年4月底工程已竣工并交付被告使用。第三，现有证据还表明，原被告还曾同意将原告的工程保修期明确为至2006年4月30日止。从工程惯例来看，保修期通常从双方确认的实际竣工日起算。而双方施工合同约定的保修期为1年，据此也能进一步证明，双方确认的实际竣工日为2005年4月底。因此，法院认为，原告实际行使工程款优先受偿权的时间为起诉日2006年3月15日，超过了司法解释规定的实际竣工日后6个月内的期限。此外，法院还认定，虽然有证据表明，2005年4月底办公楼尚未完工，但由于办公楼的建设未经规划审批，系违法建筑，因此，原被告之间就有关违法建筑工程施工的补充条款无效，原告作为施工承包人因施工违法建筑不享有法定的工程款优先受偿权。

故此，法院作出一审判决，支持乙的第一项诉讼请求，即甲在判决生效后10日内向乙支付全部工程欠款及利息；而驳回了乙的第二项诉讼请求，即乙对其实际施工的全部工程不享有法定的工程款优先受偿权。

[案例评析]

一审判决后，双方均未上诉。一审判决已经生效。但由于被告并无实际支付能力，涉案建筑物及土地使用权又在本案诉讼前早已设押，虽经法院强制执行，至今原告尚未获得全额支付。

本案中作为原告的施工承包人事后坦承，当时只是片面地认为，将工程竣工日期提前，既顺便帮了业主的忙，又能将实际保修期缩短，同时还掌握了向业主要求支付工程款和多计欠款利息的主动权，没想到因此丧失了法定的工程款优先受偿权。

笔者从以下方面对本案加以分析。

一、某些"义务"中隐含权利，此类"义务"被减免也意味着隐含的权利被减免

一般而言，权利人主动要求减免合同相对人的义务，对义务人总是有利的。但是，在特定情形下，一方的合同义务可能还隐含着该方的合同权利甚至法定权利，有可能随着义务的减免，其隐含的权利也被一并减免掉，好比是扔了包袱的同时也扔掉了夹在包袱里的财宝。如在施工承包合同中，工程竣工验收通常被作为发包人的一项重要权利和承包人的一项重要义务，但是，如果注意到有关施工人行使工程款优先受偿权的期限及其起算时间的司法解释规定，就不难发现，与实际竣工日紧密联系的竣工验收就隐含了对施工人法定的工程款优先受偿权的重要影响。

除非合同另有特别约定或者法律法规对特殊工程有特别规定，工程实际竣工日的确定仅依据承发包双方当事人的确认。确认的形式完全有赖双方的合意。本案中，原被告双方明知全部工程施工在2005年4月底尚未完毕，仍合意确认不经实质竣工查验的工程已经竣工，且交接工程。这样的合意于法不悖，应予保护。因此，一审法院认定2005年4月底为系争工程的实际竣工日是正确的。但上述合意和确认也将原告享有的法定的行使工程款优先受偿权的最后期限提前到2005年10月底。遗憾的是，其时原告竟未觉察，终致优先受偿的法定权利丧失。

二、某些"权利"来源不合法，此类"权利"不仅无益，反而可能有害

《合同法》第268条规定的承包人工程款优先受偿权属于法定权利。该权利有效的前提是权利所依赖的基础合同（建设工程承包合同）应当合法有效。本案中，原被告之间有关加建办公房的补充约定因办公楼系违法建筑而无效，因而正如一审判决所认定的，原告作为施工承包人因施工违法建筑不享有法定的工程款优先受偿权。本案判决生效后，因甲无支付能力，虽经法院强制执行（而办公房不能被列入强制执行财产），乙至今尚未获得厂房及附属工程的全部工程款，更不知何年何月能讨回办公楼工程款。本案提醒施工企业，在签订施工承包合同前，应当对诸如发包人的发包资格、发包方式（如是否应当招标）、发包程序的合法性以及发包工程本身的合法性等影响合同有效性的情况认真进行调查了解，以确保合同合法有效。特别是如本案的情况下，承包人在获得了主要工程后，对发包人要求追加施工的工程合法性往往更容易放松考察了解。否则结果可能是，如同本案中的乙一样，原本以为多做工程可以多收益，结果是在发包人无力支付的情况下，反而是多做工程被多拖欠，特别是针对所建的违法工程本身难以采取合法的维权措施，好比是捡了便宜，更捡了麻烦。

三、转让工程款债权后又解除转让的行为对承包人工程款优先受偿权的影响

本案中，乙曾经向丙转让过债权，且通知过债务人甲，随后又因甲的原因导致转让关系被解除。上述行为对乙原本依法享有的工程款优先受偿权的存续具有重要影响。

由于施工承包人享有的工程款优先受偿权基于法律的直接规定，而且法律要求的该权利主体具有特定性，即特定为工程的合法施工人，因此，一方面，该项法定权利的存续具有特定主体的身份依附性。也就是说，该权利只能归特定工程的合法施工人自身享有，不能转让，或者法律不承认该权利转让的效力；另一方面，该项法定权利的存续还具有对于基础债权的依附性，也就是说它是基础债权的从属权利。这里的基础债权是指发包人未履行建设工程施工承包合同中约定的支付工程款义务而导致的承包人对于发包人具有的到期工程款债权。也就是说，只有在发包人存在拖欠承包人工程款的条件下，承包人才享有法定的工程款优先受偿权。在如本案情况下，乙作为承包人，在向丙转让债权之前享有对发包人的到期工程款这一基础债权。但在向丙转让债权之后，乙的基础债权不复存在，因此依附于该基础债权的法定工程款优先受偿权也随之不复存在。尽管丙通过受让取得了债权，但丙对甲的债权已经不具有工程款这一特定性质，而转让为一般的金钱债权。根据《合同法》第81条的规定："债权人转让权利的，受让人取得与债权有关的从权利，但该从权利专属于债权人自身的除外。"因此，工程款优先受偿权作为专属于承包人自身的权利，不能由丙受让。所以说，乙向丙转让工程款债权的合同一旦生效，乙原享有的工程款优先受偿权将既不再由乙继续享有，也不能由丙受让享有，该法定权利事实上已经被消灭。

在乙向丙转让债权后又解除转让的情况下，解除转让并不否定债权转让的合同在解除前已经产生的法律效力，也就是说，债权转让合同被解除不会使债权转让合同自始无效，而只产生"尚未履行的，终

止履行；已经履行的，根据履行情况和合同性质，当事人可以要求采取补救措施和赔偿损失"（《合同法》第97条）的法律后果。由于债权转让合同生效后债权人原享有的工程款优先受偿权已经被消灭，不会由于债权转让合同被解除再"死而复生"。因此，上述分析结论也提醒施工承包人，应当充分意识到转让工程款债权可能导致工程款优先受偿权永久丧失的不可逆转的法律后果。一般情况下，不应接受转让工程款债权，除非作为发包人的债务人提供了施工人可确认的、充分的且权利顺序优先的其他财产担保。

四、承包人法定优先受偿权能否通过发包人在超过规定的 6 个月承包人行使权利期限后自认有效而有效

如前所述，司法解释规定，施工人行使工程款优先受偿权的期限为 6 个月。在本案中，乙因为未在 6 个月期限内行使工程款优先受偿权而致该权利丧失。假设如果发包人在超过规定的 6 个月承包人行使权利期限后仍自认承包人享有工程款优先受偿权，法院是否应判决承包人仍享有工程款优先受偿权？笔者认为，发包人的上述自认不能产生承包人仍享有工程款优先受偿权的法律后果。理由是：第一，根据本文前面的论述，施工人工程款优先受偿权是法定权利，不是合同权利。法定权利的产生、存续均取决于法律的规定，而排除了当事人的自由约定；当然，法定权利的消灭可以因权利人主动放弃、抛弃或者怠于行使超过法定期限而消灭。或者说，法定权利的生存条件基于法定。承包人在超过法律规定的 6 个月权利行使期限后，工程款优先受偿权已经不复存在，任何人包括当事人的行为都不能使得已经死亡的法定权利复生。第二，施工人工程款优先受偿权还具有对抗以工程为担保物的其他担保物权人和其他一般债权人的效力。如果允许当事人可以自由约定，或者发包人自认已经死亡的法定权利复生，将使上述担保物权人的担保物权和其他一般债权处于极不稳定的权利顺序状态，对担保物权人和其他一般债权人不公平。因此，合同当事人的自由约定，或者义务人一方的自认如果损害国家、集体或者他人的合法权益，应为无效。

北京市市政工程总公司(集团)
注重科技研发　成果显著

北京市市政工程总公司(集团)重视科技研究和科技开发工作，认真贯彻"科学技术是第一生产力"的思想，自觉加大科技开发的投入，在科研方面，在城市道路、桥梁、结构、地下工程、给排水工程、混凝土材料、工程检测、管道装配化、高性能特种混凝土技术、混凝土无损检测技术、高效小型施工机械设备等专业领域深入开展研究，形成了一定的技术优势，为北京市的市政基础建设做出了一定贡献。例如，"浅埋暗挖施工工艺研究"项目的研究成果，使"浅埋暗挖法"迅速推广应用到了地铁——复八线工程、市内大量人行地下通道以及大量市政公用管线、隧道等工程；"智能化混凝土超声检测分析"，不仅在北京市的大型立交桥和重要工程结构的质量检测中发挥了很大作用，而且被应用到长江三峡大坝工程、长江江阴大桥等国家大型重点工程中；"改性沥青及 SMA 应用技术"研究成果被应用在北京市平安大街、东四环路和首都机场跑道等重点工程的关键部位；排水管道施工技术和新型混凝土材料研究方面，每年都有新的成果用于北京市的城市建设：CP-4 型道路测平仪、双振幅振荡夯等在首都及全国重点工程中发挥了重要作用。先后获得国家级、部、市级科研进步奖和发明成果等重大成果奖达 20 余项。

北京圣元中心工程项目管理总结

◆ 王家法

(江苏省苏中建设集团北京分公司，北京 100102)

一、工程概况

北京圣元中心工程位于北京市朝阳区三元桥东北侧，总建筑面积42400m²，钢筋混凝土框架-剪力墙结构，筏形基础（板厚1.4m），建筑总高度79.9m，基础底板底标高-16.15m，地下3层，地上18层，地上为办公用房，地下为汽车库、设备用房及附属用房，由江苏省苏中建设集团北京分公司总承包施工。

二、工程特点、难点

1.本工程两侧地下车库的出入口为圆弧形车道，如何保证车道圆弧形模板的施工质量和混凝土的浇筑质量控制是本工程施工的难点。

2.主体结构复杂。15~17层为跨空三层，高度11.2m，首层层高7900mm。

3.基础底板底标高-16.15m，为深基坑，开挖基槽深，地质条件复杂，给支护带来难度。

4.地理位置重要、周边环境复杂、施工人员多、车辆密集、工种多、各工序穿插流水作业对施工管理要求高。

5.工程质量要求高。根据招标文件的要求，公司确定了在合格的基础上确保"北京市结构长城杯"。

6.大体积混凝土施工。本工程基础底板厚度1.4m。

7.本工程甲方指定分包的内容较多，整体协调工作是施工总承包管理的重点内容。

三、项目管理目标

项目开工时根据公司《项目管理目标责任书》，项目部组织编制《项目管理实施规划》，明确工程实施阶段管理的进度目标、质量目标、成本目标、安全目标，以此作为项目全过程管理及控制的重点内容和目标。

1.项目质量控制目标：合同要求为合格，但公司为了培育人才、锻炼队伍，促进公司全面质量管理水平的提高，提出本工程质量目标为确保"北京市结构长城杯"。

2.项目安全控制目标：北京市2006年文明安全工地和绿色环保工地，且无重大工伤、死亡事故，轻伤频率0.15%。

3.项目工期控制目标：合同工期总日历天数，2006年1月1日开工至2007年10月21日竣工。

4.项目成本控制目标：本工程目前已完成计划

指标的159%。

四、合同条件

承包范围包括：建筑及装饰工程、动力工程、照明工程、变配电工程、防雷接地工程、给排水工程。

甲指分包项目：弱电工程、电梯工程、通风工程、水喷淋及消火栓工程、空调工程、燃气工程、幕墙工程。

五、项目组织机构建设情况

1. 项目部人员设置情况：项目部设项目经理、执行经理、项目总工、商务经理等，共计15人，针对项目特点采用直线职能制组织结构（如图1）。

2. 项目部人力资源管理：着重于对项目部人员的管理、岗位职责制度的建立和明确、包括冲突的处理、对职员工作动力的促进、组织效率的提高、项目团队工作协作的加强。在项目建设中，让项目中的各部门都有专人担当，大家各司其职、职责分明，不仅避免了相互推卸责任，也使各部门做到互相制约、互相监督。

3. 劳动力资源的组织和管理：目前建筑市场逐渐向完善的专业化分包体系发展，市场的专业化程度将越来越高，对分承包商的管理是项目管理的重要内容。施工队伍的素质是保证施工进度和质量的关键因素，针对本项目专业特点，结合项目部本身情况，采用项目部作业班组施工和专业分包施工相结合的形式。对于防水分项、土方分项、脚手架分项、模板分项、钢筋分项、装饰分项等专业，选择信誉好、素质高的劳务施工和专业施工队伍；对于项目部作业班组施工部分实行内部项目承包责任制，由企业与项目部作业班组签订内部劳务承包合同。将对劳务施工和专业施工队伍的劳动力组织和管理纳入项目部各方面的统一管理，在签订劳务和专业分包合同时，细化相关约束条款，保证劳务人员数量及素质，确保工程的施工质量、进度达到业主要求。

六、进度目标控制

项目部按照施工合同中要求的工期，结合施工现场的实际情况，制定工期保证措施，编制总进度计划和各个阶段的进度计划，根据总进度计划制订月计划、旬计划（周计划），采用网络计划组织流水作业并进行优化，绘制"S"形曲线，对进度计划进行动态控制，及时对进度执行情况进行检查和调整。项目于2006年11月6日主体结构封顶，2007年9月20日竣工验收，比合同工期提前1个月。

七、安全目标控制

项目部建立了安全保证体系，明确安全责任制，确保安全设施投资到位，配备专职安全员，班组配备兼职安全员。加强职工安全培训教育，抓好关键人员、关键部位、关键设备的安全；加强职工劳动保险工作以转移风险，减少损失；做好职工班前交底工作；建立安全生产领导小组，定期检查，把人的不安全行为和物的不安全状态控制在萌芽状态；搞好现场文明施工，材料堆放整齐、道路通畅、标语牌位置醒目。本工程获北京市2006年文明安全工地和绿色环保工地，且无重大工伤、死亡事故，轻伤频率0.15%。

八、质量目标控制

项目部按照公司质量管理程序和项目质量控制目标的要求，建立以项目经理为主体的施工质量保证体系。通过对质量管理目标的确定和分

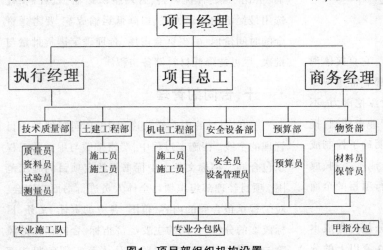

图1 项目部组织机构设置

解，建立相关质量管理制度和计划，形成具有质量控制和质量保证能力的工作系统。项目部以质量目标为龙头，过程管理为重心，按照 PDCA 循环原理展开，确保施工质量保证体系的运行。施工质量计划是施工质量控制的手段，施工质量预控是施工全过程质量控制的首要环节。在施工前，通过施工质量计划的编制，确定合理的施工程序、施工工艺和技术方法，制定与比相关的技术、组织、经济与管理措施，用以指导施工过程的质量管理和控制。进入全面施工阶段的质量控制，对所有分部分项工程的作业过程（或工序）实施严格的质量控制。

项目管理中加强对"人、材料、机械、方法和环境"主要影响质量的因素控制：加强项目部各级管理人员和广大职工的质量意识；确保材料质量；对施工技术方案、工艺流程、施工组织措施等方面进行全面分析、综合考虑，力求方案技术可行、经济合理、工艺先进、措施得力、操作方便，有利于提高质量、加快进度、降低成本；综合考虑施工现场条件、建筑结构形式、施工工艺和方法、建筑技术经济等，合理选择机械的类型和性能参数；根据工程特点和具体条件，对影响质量的环境因素，采取有效的措施严加控制。在项目施工的全过程中，通过全面质量管理，提高质量控制水平，坚持"以质取胜"的经营战略，科学管理，规范施工，以此推动企业拓宽市场，赢得市场，谋求更大发展。本工程已获的"2006 年度北京市结构长城杯"。

九、成本目标控制

项目成本管理是项目管理的核心，它直接体现了项目管理的水平和经济效益。项目部非常重视成本管理工作，在项目施工的全过程阶段深挖潜力，不断完善项目成本控制方法，健全成本管理责任制，提高经济效益。在项目管理实施规划中明确了控制成本的具体措施，从成本预测、成本计划、成本控制、成本核算、成本分析、成本考核六方面进行项目的全面成本控制。

1. 加强对分包成本的控制：对于分包工程成本的控制，应本着"量入为出"的原则，由 3 家以上的分包单位进行招标，采用综合评定后确定分包单位。对于分包工程的结算，项目应严格按照分包合同执行，各专业工程都需经项目工程、质量部门验收合格后，由预算部根据实际完成的工作量进行结算。对于劳务和专业分包单位，应选择实力强、信誉好、工人素质较高的队伍，以减少成本的支出。要严格控制人工费，控制用工数量，有针对性地减少或缩短某些工序的工日消耗量，从而达到降低工日消耗、控制工程成本的目的。

2. 加强对经济变更、洽商的签证：开工时对项目部各专业人员、工程师进行交底，制定项目部办理变更、洽商的规章制度。对于施工中发生的变更、洽商及时签认、及时下发各部门、及时向甲方提交经济签证，特别是对于一些合同外的零星工作。

3. 加强对材料成本的控制：材料成本占整个项目成本的 60%~75%，直接影响项目成本和经济效益；材料涉及的范围广、用量大、内容复杂，在保证质量、工期的前提下，尽量降低材料成本。材料成本控制重点在材料采购费用、购置成本和材料消耗成本三个方面。项目部建立材料管理机制和责任机制，主要做好两个方面的工作：一是对材料用量的控制：坚持按定额确定材料消耗量，实行限额领料制度，改进施工技术，推广使用降低料耗的各种新技术、新工艺、新材料，加强周转料管理，延长周转次数等；二是对材料价格进行控制：主要是由物资部门在采购中加以控制，对市场行情进行调查，在保质保量前提下，货比三家，择优购料，合理组织运输，就近购料，选用最经济的运输方式，以降低运输成本，要考虑资金的时间价值，减少资金占用，合理确定进货批量与批次，尽可能降低材料储备与积压。

十、合同的管理

1. 在项目的生产经营过程中，合同管理是项目管理的主线。在施工过程中，严格按照与甲方的工程承包合同、招标文件、中标书等约定项目的施工范围。项目经理部组织项目全体人员进行书面交底会，对工程承包合同的内容、范围、各方的责任、义务、目标成本的分解、合同的主要经济指标、合同存在的风险与履约中应注意的问题等具体落实到各职能部门,并将目标成本控制的指标下达到项目各部门,由项目各部门在工程管理过程中具体控制,对主控范围内的费用与控制指标经常进行对比,对超指标情况及时反馈并查找原因、及时调整,项目设专职人员对合同的履约情况进行管理和分析,使工程成本始终处于受控阶段;加强对分包、分供合同的管理,在签订分包、分供合同时,内容要详细、严谨、明确。

2. 合同履行过程中的索赔管理:项目部重视合同履约过程中的索赔管理,随时关注施工现场动态,做好索赔的各项基础工作,选择合适的索赔时机。项目部建立了施工索赔和反索赔的管理制度和管理程序,组建了强有力的索赔专门机构和人员,将索赔管理纳入整个工程项目的管理之中。

十一、其他的管理

1. 信息管理:现代化的管理要依靠信息,施工项目管理是一项复杂的现代化的管理活动。项目部建立项目信息中心,利用计算机对项目的进度、质量、成本等进行目标控制和动态管理,充分发挥计算机在数据处理和信息传递中的作用,做到施工项目管理手段电子化、现代化。

2. 风险管理:项目开工后根据现场和合同要求分析在后期施工中可能遇到的各种风险,积极采取措施予以规避或转移(如通过保险、合理磋商合同条款等)风险。施工过程中各种目标不断受到各种客观因素的干扰,各种风险因素都有发生的可能性,项目部建立风险管理机制,通过组织协调和风险管理对施工项目目标进行动态控制,以风险评估为依据,采用决策树、盈亏平衡分析方法,从不同视角对项目风险作出评价;正确估计风险的大小,认真研究风险防范措施以避免或减轻风险,降低工程项目风险成本,把风险造成的损失控制到最低限度。

十二、项目部协调为目标控制服务的各种关系

1. 与业主的配合:本着业主至上、全心全意为业主服务的精神,严格执行业主方的决议,服从业主方的管理,积极配合业主进行场内的各项工作,为业主排忧解难,为业主提供最好的服务。

2. 与监理的配合:与监理配合,妥善协调,遵循"三让"原则,严格按照监理工程师批准的施工规划和施工方案进行施工。

3. 与设计单位的配合:与设计单位进行友好协作,以获得设计方大力支持,保证工程能符合设计方的构思、要求及有关规范、标准。

4. 机电与土建施工单位及装修专业的配合:机电等专业施工与土建施工、装修专业的配合贯穿工程全过程,根据机电各专业施工的特点,项目机电部配合好结构、装修专业施工工作。

5. 与政府其他部门的关系协调:项目部根据工程的实际情况,由商务经理及时与政府有关部门取得联系,以及时获得政府部门的指导、支持和谅解,为工程施工的顺利进行打下良好的基础。有关的政府部门主要有:建设、质监、市政、公安、卫生、环保、劳动等。

十三、项目管理工作的体会

项目管理是一门艺术,现代化的工程项目管理涉及项目管理的全过程和全方位,具有过程的系统性、实施的整体性、技术的复杂性、广泛的社会性和工程的不确定性等特点。在工程的实施过程中,为了创造社会效益和经济效益,就必须依靠科技进步和技术创新,不断创新管理观念,完善项目各种管理制度。

项目管理的精髓在于控制,工程项目管理要搞好"四大控制"。在建筑市场激烈竞争的形势下,施工企业经济效益的高低,很大程度上取决于工程项目成本的高低。因此要以项目成本管理为中心环节,加强项目财务、现场、分包和设备管理,规范管理行为,有效降低成本,向管理要效益,从而增加企业的整体经济效益。

通过该工程的施工项目管理,促进了项目管理水平的提高,使项目部员工的团队协作精神得到加强,项目人员积极性得到发挥,项目合同管理、索赔、经济签证等薄弱环节得到改善,项目成本控制有了很大成效,项目利润有了较大增加,同时使一批懂技术、会管理、会算账的项目管理人才脱颖而出。

《中国建筑业产业竞争力研究》评介

◆ 李洪侠

(国家统计局，北京 100826)

著名竞争战略和竞争力权威迈克尔·波特(Michael E.Porter,2002)曾指出:如今,很少产业停留在不受竞争侵入的平稳状态,或可主导市场的状态。没有哪个国家或企业敢于漠视竞争。每个国家与企业都必须了解并让竞争主宰。波特教授的断言在国际化和市场化快速发展的今天,正在并将继续被验证。国家间、产业间、企业间乃至个人间,竞争几乎无所不在,"提升某某竞争力"因此空前时髦。然而,这句话并非谁说了都一样奏效。香港著名经济学家张五常教授曾说,特殊理论内容太多了,而套套逻辑则没有内容。所以可取的理论,一定是在特殊理论与套套逻辑之间。套套逻辑,是在任何情况下都不可能是错的言论,如"四足动物有四只脚。"张教授的理论在建筑业竞争力研究中尤其有益,因为(1)竞争力是一个非常抽象的概念;(2)建筑业有明显的不同于其他产业的特点,忽视这些泛泛而谈提升建筑业竞争力将成为张五常意义上的套套逻辑。姚宽一博士的专著《中国建筑业产业竞争力研究》(中国建筑工业出版社 2007 年 6 月版)不仅走出了套套逻辑,在极端一般和极端特殊的理论中间找到了很好的结合点。

笔者认为,该专著至少有以下特点:第一,框架清晰且结构严谨。专著围绕建筑业的"竞争力–竞争力效果–竞争力影响因素–竞争力成长性–提升竞争力"思路展开,一目了然又层层深入。构造了一个完整的"提出问题、分析问题、解决问题"的结构,更重要的是每个部分都有较深入地分析。第二,在建筑业分析中引入大量新的理论方法,如投入产出分析法、灰色系统理论等,不仅对证明作者观点有重要意义,而且也将建筑业理论研究进一步推向深入,是中国建筑业研究中的一块基石。第三,大量分析历史数据,这在一定程度上,改变了我国建筑业研究定性分析多、定量分析少的局面,大大增强该专著的说服力,因而得出的政策建议也更具可操作性。

当然,上述特点更多的是体现在著作内容中。首先,作者深入全面地分析了建筑业竞争力影响因素。建筑业因为具有高吸纳就业能力、与投资高度相关、高产业关联度等特点,一直是中国的重要支柱产业之一。但是长期以来受农民工为主要从业人员、技术含量低、建筑企业流动性强等因素制约,中国建筑业竞争力一直较低。经济效益低于同是支柱产业的房地产业是国内表现;国际表现则是国际市场占有率低。针对这一问题,姚博士从两个角度分析了中国建筑业竞争力状况:一是在一般投入产出模型基础上,建立建筑业投入占用产出模型,从五个方面分析了建筑业竞争力,即总产值和增加值对国民经济的影响、建筑业和相关产业的关联效应、建筑业初始投入和最终需求对国民经济的影响、建筑业设施占用对国民经济的影响。研究选取建筑业增加值、影响力系数、感应度系数、初始投入系数、建筑设施占用系数作为评价建筑业竞争力的主要因素,利用模糊层次法进行了较为深入地分析。二是通过比较综合世界经济论坛(WEF)和瑞士洛桑国际管理开发学院(IMD)及相关学者的要素评价体系,提出了建筑产业竞争力的20项影响因素,运用系统思想的结构化模型,建立结构模型,运用层次分析法确定中国建筑业产业竞争力关键的六项影响因素,即全要素生产率、从业人员素质、城市化水平、产业集中度、技术推广率和政府效率。

其次,作者引入交叉学科的理论分析如何提升建筑业竞争力。在影响建筑业竞争力因素分析基础上,为提出提升建筑业竞争力的有效对策,该研究还通过建模,测度了建筑业竞争力的成长性。首先运用灰色系统理论的预测模型,建立多因素影响下的GM(1,1)模型,而后对模型进行事前、事中和事后精度检验,在此基础上分析了未来影响中国建筑业产业竞争力的各因素,进一步提出建筑业竞争力提升的五个关键因素,并将其划分为三类:已经被重视加强的因素有:技术推广率和全要素生产率;需要重视的因素有:建筑业产业集中度和城市化水平;需要非产关注的因素是从业人员素质。这成为是政策制定和进一步研究的重要参考。沿着上述思路,研究最后将影响建筑业竞争力的六个因素中的全要素生产率、从业人员素质、产业集中度和技术推广率归为内在驱动力,将城市化水平和政府效率归为外在驱动力。并在此基础上提出提升建筑业竞争力的八方面建议:加强技术创新;提高产业技术竞争力;强化从业人员素质,加强产业人才竞争力;优化产业结构,培育产业规模竞争力;面临城市化,提升产业战略竞争力;走新兴工业化道路,打造绿色竞争力;树立品牌意识,再造产业诚信竞争力;实施"走出去"战略,锻造产业国际竞争力。并提出,建筑业竞争力提升过程中,应该充分发挥市场机制的作用,同时发挥整合和行业协会的引导与协调作用。

总之,姚博士的专著从竞争力和产业竞争力一般理论出发,紧密围绕建筑业劳动资本密集、市场机制不够完善、产业关联度高等特点,探索运用投入占用产出理论,综合运用现有要素评估体系,引入灰色系统理论(Grey System Theory),不仅明确得出"全要素生产率、从业人员素质、城市化水平、产业集中度、技术推广率和政府效率是影响建筑业竞争力的关键因素"的结论,并将各指标的影响力量化,还提出提升建筑业产业竞争力的驱动力和路径。是国内少有的建筑经济力作,对有关部门政府、学术界和建筑企业都具有重要的参考价值。

《标准施工招标资格预审文件》和《标准施工招标文件》颁布

近日,国家发展改革委、财政部、建设部、交通部、铁道部、信息产业部、水利部、民航总局、广电总局联合发布了《<标准施工招标资格预审文件>和<标准施工招标文件>试行规定》及相关附件(以下简称《标准文件》),并将于2008年5月1日起实施。

编制《标准文件》,主要是出于以下三方面的考虑:一是通过编制《标准文件》,进一步统一招标文件编制依据,促进统一开放、竞争有序招投标大市场的形成。二是通过编制《标准文件》,解决招标文件编制中存在的突出问题,提高招标文件编制质量,进一步规范招标投标活动。三是通过编制《标准文件》,将政府投资项目管理的一系列制度,如项目法人责任制、资本金制、招标投标制、工程监理制、合同管理制和代建制等,有机衔接起来,发挥制度的整体优势,加强政府投资项目管理。

《标准文件》的编制,充分体现了国务院有关部门协作配合解决招标投标各种问题的决心和信心,标志着政府对招标投标活动的管理已经不局限于简单法律规范,而是结合项目管理实际和操作规程,通过合理的制度设计解决深层次问题。《标准文件》的贯彻实施,对于进一步统一工程招标投标规则、提高招标文件质量、规范招标投标活动、加强政府投资管理、预防和遏制腐败,促进形成统一开放、竞争有序的招标投标市场,具有重要意义。

《标准文件》将在具有一定规模的政府投资项目中试行。

建造师书苑

新书介绍

工程项目管理实用手册

著译者：田振郁

【内容简介】 本书第一版于1991年出版，第二版于1997年出版，此为第三版。此版根据近年来建筑市场的变化，对第二版进行了全面修改，除纠正了一些过时的提法外，还增加了"工程项目劳务管理"和"工程项目总承包管理"两章，以适应新的需要。此书以问答形式阐述了工程项目管理的原理、特征、实施条件及组织形式；工程项目经理及项目管理班子的任务、职责、工作内容及方法；工程项目从招投标开始，到竣工验收全过程管理工作的内容及方法；工程项目的合同、预算、计划、技术、质量、材料、成本、安全、劳务、信息、监理、总承包等各方面的管理内容和方法。

【读者对象】 本书可供工程项目管理人员、监理人员、建筑施工企业各级管理人员阅读参考。

【目　录】 第一章　工程项目管理概述；第二章　项目经理和项目经理部；第三章　建设项目的招标与投标；第四章　工程项目合同管理；第五章　工程项目预算管理；第六章　工程项目计划管理；第七章　工程项目的前期管理和施工准备；第八章　工程项目技术管理；第九章　工程项目质量管理；第十章　工程项目材料管理；第十一章　工程项目成本管理；第十二章　工程项目安全管理；第十三章　工程项目劳务管理；第十四章　工程项目总承包管理；第十五章　工程项目的竣工验收；第十六章　工程项目信息管理；第十七章　工程项目建设监理；第十八章　附录。

大型集群工程项目合同管理研究与实践运作

著译者：余立中

【内容简介】 本书共分为10章，以广州大学城一期建设工程为研究对象，主要内容是：总则，项目策划与可行性研究，项目实施与管理模式，项目施工承包体制，项目招标与材料采购，项目合同管理和考评制度，质量管理，进度管理，投资管理，项目验收与项目移交。全书概括了工程建设管理的一般内容、程序和要求，突出大学城建设的探索与创新，每章均由理论部分和实操部分组成。本书可供工程建设人员和管理人员使用参考，还可以作为大专院校建筑类、土建类尤其是工程管理类的本科生、研究生《工程项目管理》课程的教材和参考书。

【读者对象】 本书适用于工程建设人员和管理人员，大专院校工程管理类本科生、研究生。

【目　录】 第1篇 合同的订立；第2篇 合同的履行；第3篇 合同的控制。参考文献。

重点建设工程施工技术与管理创新

著译者：北京工程管理科学学会

【内容简介】 本书共收集论文39篇，论文的内容为中建一局集团、北京城建集团、北京建工集团、北京住总集团、北京城乡集团、北京市政集团等北京主要施工企业总包施工的国家体育场（"鸟巢"）、国家游泳中心（"水立方"）、中央电视台、北京电视台、国家体育馆、国家会议中心、地铁复八线等一批重点工程和有代表性的工程2007年以来技术与管理的创新成果。这些集团都是学会的会员单位。这些论文的作者都是施工一线专业技术人员。他们在工作岗位上把理论与实践相结合，围绕工程特点和技术难点，在保证工程质量、工期、安全、文明施工、风险管理、远程指挥、节约能源、环境保护、降低成本等方面，解放思想，创造性地开展工作，大胆采用新工艺、新材料、新技术，并取得了重要的成果。很多成果处于行业的领先水平。这些论文就是他们工作的成果和经验的总结。

【读者对象】 本书可作为从事建设工程施工技术与管理的相关人员的工作参考，也可供高校相关专业师生阅读。

【目　　录】 主体结构工程施工技术；钢结构工程施工技术；地下工程与混凝土工程施工技术；其他工程施工技术；管理理论与成功实践；北京工程管理科学学会简介。

工程项目管理的国际惯例

著译者：何伯森

【内容简介】 本书首先介绍了国际惯例的概念，讨论了国际惯例与法律、合同条款的关系，之后分章介绍了国际上工程项目的管理程序与模式；国际工程的合同管理与各种合同条件；工程项目的成本管理、进度管理、质量管理、安全管理和计算机辅助管理。本书的特点是覆盖面宽、适用面广、结合实际、重视应用，比较详细地讨论了国际上六类十种工程项目管理模式及各方的风险，全面地介绍了美、英、日、澳、法、新六国以及港台地区的工程项目管理情况和成本、进度、质量、安全管理的特点；既详细介绍了FIDIC1999年版"新红皮书"以及内容中涉及成本、进度、质量、安全的条款，又将世界银行等9家国际金融组织与FIDIC共同修改的2006年"多边银行协调版"与1999年版逐条对照，方便了各对外公司在国外遇到相关金融组织贷款项目时使用。书中还反映了国际上最新的发展趋势，如介绍了英国的"项目伙伴关系"合同文本以及国际上工程项目管理中应用的多种计算机软件。

【读者对象】 本书可供工程建设行业及政府部门、行业协会和企业的领导以及业主、承包商、咨询、设计、监理、造价工程师、律师、财务、金融、保险等有关人员参考，并可作为各大学工程管理等专业教学参考，也可作为企业培训教材。

【目　　录】 导论——什么是国际惯例。第一章　国际上工程项目的管理程序与模式；第二章　国际工程的合同管理；第三章　国际上高水平的合同条件；第四章　工程项目的成本管理；第五章　工程项目的进度管理；第六章　工程项目的质量管理；第七章　工程项目的安全管理；第八章　工程项目的计算机辅助管理。

建筑装饰识图与造价

著译者：褚振文

【内容简介】 本书系统介绍了装饰工程施工图的基础知识、装饰工程量清单计价的编制。本书装饰工程施工图的基础知识内容有工程识图基础知识、建筑结构工程识图、家具工程识图、室内设备工程识图、某住宅楼装饰工程识图实例解读；装饰工程量清单计价的编制内容有建设装饰工程工程量清单计价规范概述，建设工程清单计价费用组成，某住宅楼施工图装饰工程工程量清单计价编制实例等。既有理论，又有实际案例。

【读者对象】 本书适合爱好建筑工程预算人员自学装饰工程量清单计价的编制，也适用于建筑工科类院校学生学习。

【目　　录】 上篇：第1章　工程识图；第2章　建筑装饰构造常识；第3章　室内给水排水设备工程常识；第4章　室内采暖设备工程常识；第5章　室内电气设备工程常识；第6章　室内通风与空调工程常识；第7章　某住宅楼装饰工程识图实例解读。下篇　建筑装饰工程工程量清单计价：第8章　工程量清单；第9章　工程量清单计价；第10章　工程量清单计价取费；第11章　某装饰工程施工图工程量清单计价实例。

平法识图与钢筋计算释疑解惑

著译者：陈达飞

【内容简介】 本书作为平法技术普及推广的实用性图书，是作者多年从事平法技术讲座的经验总结，更是与学员互相沟通和交流过程所提炼的心得体会。本书对03G101-1、03G101-2、04G101-3、04G101-4等平法图集进行全面解读和释疑。本书共分8章，分别是：平法和钢筋计算、平法梁基本知识、平法柱基本知识、平法钢筋计算的一般流程、平法板识图与钢筋计算、平法楼梯识图与钢筋计算、平法剪力墙识图与钢筋计算、平法筏形基础识图与钢筋计算。本书内容丰富，通俗浅显，诠释准确到位，易学习，易掌握，易实施，能极大提高读者对平法技术的理解和运用水平，使之成为平法技术专家。本书为介绍平法技术和钢筋计算的基础性、普及性图书。

【读者对象】 本书可供结构设计人员、施工技术人员、工程监理人员、工程造价预算人员及其他对平法技术有兴趣的人士学习参考，也可作为上述专业人员的培训教材。同时本书也可作为大中专学校相关专业的教材使用。

【目　　录】 第1章　平法和钢筋计算；第2章　平法梁基本知识；第3章　平法柱基本知识；第4章　平法钢筋计算的一般流程；第5章　平法板识图与钢筋计算；第6章　平法楼梯识图与钢筋计算；第7章　平法剪力墙识图与钢筋计算；第8章　平法筏形基础识图与钢筋计算。后记。参考文献。

综合信息

全国建设工程项目管理工作座谈会在天津召开

2007年11月8日、9日,全国建设工程项目管理工作座谈会在天津召开。黄卫副部长代表建设部作了大会讲话,对近几年来全国工程项目管理工作进行了全面总结,充分肯定了工程项目管理工作取得的成就,分析了当前的形势和存在的问题,明确了今后一段时期全国工程项目管理工作发展的指导思想、目标和主要任务。建筑市场管理司王素卿司长在会议上做了《狠抓落实,不断创新,推进工程项目管理工作又好又快发展》的总结讲话。会上,有8个单位的同志作了大会交流发言,还印发了其他40多个单位的书面经验材料,王早生同志对会议待议文件做了说明;大家还讨论了《建设工程项目管理办法》和《建设工程项目管理服务合同(示范文本)》两个待议文件,提出了许多好的意见和建议。

王素卿司长在总结讲话中向大家通报了建筑市场管理司近期和明年关于建筑市场管理的几项重点工作安排和设想。

(一)年底以前将开通全国建筑市场诚信信息平台,各地要认真做好信息报送工作。建筑市场信用体系是全社会信用体系的重要组成部分,是进一步规范建筑市场秩序的治本之策。为贯彻落实十七大报告要求,按照建筑市场信用体系建设工作的总体部署,我们将在建设部门户网站上构建了全国建筑市场诚信信息平台。现在已经正式印发通知,正式开通全国建筑市场诚信信息平台,与各地诚信信息平台实现链接,采集各地诚信信息数据,统一对外发布全国建筑市场各方主体诚信行为记录信息。就这项工作,我提三点要求:

第一,各地建设部门要高度重视这项工作,明确相关责任人,落实工作责任制,切实做好诚信信息平台建设和信息的采集、整理、发布、报送等工作。信用体系建设做得好的地方要继续积极探索,把工作做实做细,进度相对滞后的地方,要加大力度,尽快赶上,切不可坐失良机。我们将适时对各地工作进行检查,并向全国通报有关情况。

第二,各地要严格按照《建筑市场诚信行为信息管理办法》(建市[2007]9号文件)要求,认真做好本区域内诚信行为信息的归集和整理,按时登录建筑市场诚信信息平台,进行诚信行为信息的报送。我们初步计划,各地在2007年12月30日以前,完成本地区域内2007年发生的建筑市场各方主体不良行为记录信息的报送工作。2008年1月1日以后,按照不良行为信息公布制度的要求,转入常规的信息报送机制。

第三,形成部省市三级监督和协调联动机制,认真做好不良行为信息的公布和应用。市级建设行政主管部门要对本行政区域内建筑市场各方主体的诚信行为进行检查记录,将所采集到的不良行为记录信息及时报送省级建设行政主管部门。省级建设行政主管部门要采集、汇总和公布本地区建筑市场各方主体的诚信行为记录信息。不良行为信息自行政机关做出行政处罚决定之日起7日内予以网上公开公布。对构成《全国建筑市场各方主体不良行为记录标准》的,除在省级建筑市场信用信息平台公布外,还应在公布之日起7日内,由省级建设行政主管部门报建设部,由建设部统一在全国建筑市场诚信信息平台上公布。

(二)巩固清欠成果,继续贯彻落实防新欠长效机制。元旦及春节快到了,按照国务院领导的指示,我们将对以"巩固清欠成果,建立防止新欠的长效机制"为重点的清欠工作进行回顾检查。各地可对清欠工作,在巩固清欠成果、处理好遗留问题、维护社会稳定、继续做好建立健全防欠长效机制工作等方面,再回顾检查,对出现问题及时采取措施加以解决。

根据工作安排,我们将组织部际工作联席会议各成员单位组成联合检查组,分地区对全国清欠巩固成果、建立长效机制情况进行检查,各地要做好准备工作。

元旦、春节正在临近,各地要并确保拖欠农民工工资投诉受理渠道畅通,把确保农民工按时足额拿到工资作为一项重要工作来抓,要求施工企业不得以任何理由拒绝支付农民工工资。对不按规定支付

信息博览

农民工工资的,要严肃追究用工企业和管理单位的责任。

(三)加强组织领导,切实做好有形建筑市场和招标投标普查调研工作。按照中央领导同志的指示精神,为促进有形建筑市场健康发展,进一步规范招投标活动,推动建筑市场又好又快发展,10月8日,建设部、监察部、国家发改委、铁道部、交通部五部委联合印发了《关于开展建设工程交易中心招标投标工作普查调研的通知》,对这次普查调研工作,我强调以下三点意见:

第一,各地建设主管部门要高度重视这次调研普查工作,认真贯彻执行《通知》要求,加强组织领导,落实普查调研工作执行机构,从人力、物力投入上,保证工作顺利进行。

第二,要保质、保量完成这项工作,要详实、准确地汇总本地区普查调研书面汇报材料、调查表等基础资料,要做好中央和省(区、市)有关部委领导同志关于本地区有形建筑市场和规范工程建设招标投标活动、预防工程建设领域腐败行为讲话材料的收集整理工作,并作为书面汇报材料的附件单独装订上报,要确保在2007年12月15日前将全部普查调研材料报送建设部。

第三,各地建设主管部门要加强与其他相关部门的协调配合。由于此次普查调研是五部委共同组织进行的,各地建设主管部门要主动会同监察、发展改革、铁道、交通等部门一起开展普查调研工作,按照"统一组织、分级负责、部门分工协作、各方共同参与"的原则,主动与有关部门沟通联系,听取相关部门的意见,组织好普查调研工作。明年年初五部委组织的调研组将赴部分省市开展调研,届时将正式通知地方,各地要认真按通知要求做好准备。

(四)做好新部令和标准的实施工作,完善企业资质网上申报系统。

为了贯彻落实《行政许可法》,今年部里陆续修订颁发了《建设工程勘察设计资质管理规定》(第160号部令)、《建筑业企业资质管理规定》(第159号部令)、《工程监理企业资质管理规定》(第158号部令)和《工程建设项目招标代理机构资格认定办法》(第154号部令),工程设计、施工特级、工程监理企业资质和工程招标代理机构资格新标准和实施细则也已施行,今年下半年,我们还组织了新部令和新资质标准的宣贯工作,希望各地做好新部令和标准的实施工作。

为了进一步规范企业资质申报与审批工作、提高办事效率、推进电子政务建设,我司在现有企业资质申报软件的基础上,近期将开发完成"全国建设工程企业资质信息管理系统"。希望各地理解和支持这项工作,下一步,对已经开发资质管理信息系统的地区,希望做好与部里系统的数据接口调试;对尚未开发资质管理信息系统的地区,我部也将免费提供资质信息管理系统软件。我们计划通过企业资质信息管理系统的使用,能够尽快建立起全国工程建设企业信息动态数据库,达到提高行政审批效率、实施动态监管的目的。

全国建筑市场诚信信息平台启用

为贯彻落实党的十七大精神,推进建筑市场信用体系建设,建设部在部门户网站上构建了全国建筑市场诚信信息平台(以下简称平台)。平台的主要功能是:运用现代化的网络手段,采集各地诚信信息数据,发布建筑市场各方主体诚信行为记录,重点对失信行为进行曝光,并方便社会各界查询;整合表彰奖励、资质资格等方面的信息资源,为信用良好的企业和人员提供展示平台;普及和传播信用常识,及时发布行业最新的信用资讯、政策法规和工作动态,为工程建设行业提供信用信息交流平台;推动完善行政监管和社会监督相结合的诚信激励和失信惩戒机制,营造全国建筑市场诚实守信的良好环境。

全国工程建设标准定额工作会议召开

全国工程建设标准定额工作会议于2007年12月2日在成都市召开。国务院副总理曾培炎向大会发来贺信,代表国务院向会议的召开表示祝贺,并向与会代表致以亲切的问候!建设部部长汪光焘在会

信息博览

上做了题为《深入贯彻落实科学发展观，开创标准定额工作新局面》的讲话，建设部副部长黄卫做了工作报告，四川省副省长王宁到会致辞。会议的主题是学习贯彻党的十七大精神，围绕深入贯彻落实科学发展观、实现全面建设小康社会宏伟目标的新要求，总结过去五年的经验，研究和部署今后五年的工作，进一步促进标准定额工作的新发展。

曾培炎副总理在贺信中指出：工程建设标准是经济建设和项目投资的重要制度和依据。几年来，标准定额工作取得很大成绩，对确保工程质量安全、促进城乡建设发展发挥了重要的保障作用。新的形势下，希望大家认真学习贯彻党的十七大精神，深入贯彻落实科学发展观，进一步加强工程建设标准定额工作，完善标准体系，健全法规制度，加强造价管理，加大监督力度，充分发挥标准定额的引导和约束作用，把优化工程建设与转变发展方式、调整经济结构结合起来，把提高建设标准与节约环保、改善民生结合起来，把改进企业管理与规范经济秩序、增强市场竞争力结合起来，为经济社会又好又快发展提供优质高效服务，在全面建设小康社会的进程中作出新的贡献！

汪光焘部长强调，党中央、国务院领导一直十分重视标准定额工作，胡锦涛总书记、温家宝总理、曾培炎副总理多次做出重要指示，要求建立健全法律法规和标准体系，从法规、标准、政策、科技等方面采取综合措施，推进工作。此次会议，曾培炎副总理专门发来贺信，对今后标准定额工作提出了更加明确的要求，指明了标准定额的发展方向，要认真贯彻落实。

汪光焘部长在讲话中指出，过去五年，各地区、各部门、各行业紧紧围绕党和国家的决策部署，高度重视、密切配合、大力推进，中央财政也给予大力支持，为标准定额制定、实施和监管工作的全面发展奠定了基础。五年来的标准定额工作，认真贯彻党的十六大和各次中央全会精神，围绕全面建设小康社会的目标，适应社会主义市场经济体制改革和统筹对内对外开放的要求，坚持改革创新、抓住战略机遇、突出重点领域、注重工作实效，促进政府职能转变，保障工程建设质量安全，

做了大量开拓性和基础性的工作。突出表现为：标准定额从注重技术性到技术与政策并重的转变，为贯彻国家的方针政策开辟了新的途径；强制性条文到全文强制标准转变，为形成有中国特色的技术法规体系构架迈出了重要的一步；完善标准体系，提高了标准编制的科学性、系统性和前瞻性；标准工作从服务国内到面向国际的转变，在推进标准的国际化战略方面开创了新局面；全面推行了工程量清单计价改革，实现了定额定价到市场竞争定价模式的转变。标准的覆盖范围大幅提升，工业建设领域标准滞后的状况明显改善，地方标准化工作取得全面进展，市场形成工程造价机制基本建立。

汪光焘部长要求，今后五年的标准定额工作，要坚持强制性标准发展方向，加快构建具有中国特色的技术法规体系；改革和改进组织制定方式，依据体系加快标准定额制订、修订步伐；完善标准定额法规制度，探索形成行政法规和技术法规相结合体制；强化标准定额实施监督，切实发挥标准定额的调控作用；加强市场诚信体系建设，提高政府管理社会和公共服务能力；按照决策、执行和监督相协调的要求，全面加强队伍建设。汪光焘部长特别强调，《城乡规划法》的颁布施行对城乡规划技术标准的制定、执行提出了更高的要求并上升到法律制度高度，要根据法律提出的要求，给予落实，抓紧对现行城乡规划标准体系进行调整和完善，加快相关标准的制订修订，不断提高标准的适应性、针对性和有效性，把城乡规划标准制订修订工作提高到一个新水平，由此全面带动标准定额工作。同时，汪光焘部长还特别强调，建设部和建设系统一定要进一步统一思想，加强领导，推进四个转变，将标准定额作为一项突出的工作重点，抓好抓实，抓出成效。

黄卫副部长在工作报告中做了全面总结，并指出，过去五年标准定额编制速度明显加快、质量水平大幅提高，节能减排等重点标准定额迅速出台，目前全国共批准发布工程建设标准1645项，其中新增标准1276项，工程建设标准总数达到4950项，中国特色标准定额体系基本形成，工程造价管理和工程项

信息博览

目建设标准工作也取得重要进展,为建设事业持续健康发展作出了重要贡献。

黄卫副部长提出,今后五年是全面建设小康社会的关键时期,标准定额工作必须全面认识工业化、信息化、城镇化、市场化、国际化发展的新形势新任务,要以邓小平理论、"三个代表"重要思想和党的十七大精神为指导,深入贯彻落实科学发展观,按照促进经济社会又好又快发展、建设生态文明、维护社会公平、建设服务型政府的新要求,以充分发挥标准定额约束引导作用为主线,紧紧把握我国经济社会发展的战略机遇,全面推进标准定额工作又好又快发展。

结合贯彻落实党的十七大精神,黄卫副部长还提出,今后五年要以完善标准定额、创新体制机制、强化市场监管、增强服务能力为重点,具体做好九个方面的工作。主要是:加快完善标准体系,满足国民经济又好又快发展需要;完善政府工程技术经济规则,提高政府科学决策水平;继续推进工程量清单计价,促进建设市场健康发展;深化标准体制改革,加快建立工程建设技术法规体系;加强标准定额实施监督,强化政府市场监管和调控;创新标准定额管理方式,增强政府公共服务能力;加强机构队伍建设,增强标准定额发展活力;发挥中央和地方两个积极性,深化地方标准化发展;实施标准国际化战略,提升我国建设企业国际竞争力。

来自国务院各有关部门、各省、自治区、直辖市建设主管部门、有关行业协会、中央大型企业、主要研究机构的代表参加了会议。

"2007 第三届中国建造师论坛"在京举办

2007年10月27、28日,由中国建筑工业出版社《建造师》编辑部主办的"2007 第三届中国建造师论坛"在北京举办。

本届论坛围绕建造师的注册,探讨了以下几方面的问题:建造师作为专业人士的法律责任问题;建造师执业的问题;建造师的考试;建造师的继续教育问题;建筑业企业项目经理资质管理制度向建造师执业资格制度过渡有关问题;建造师定位的再认识问题。

本届论坛到会人员包括政府官员、各专业领域的建造师、专家学者。本届论坛为他们提供了一个良好高效的交流平台。

2008年中国建造师论坛将继续举办。

❋❋ 地方信息 ❋❋

北京首创工程建造师将取代项目经理

《北京市二级建造师注册实施办法》(试行)日前正式颁布实施,今后建造师注册证书将替代原有的建筑业施工企业项目经理资质证书。建造师执业资格制度是对项目经理资质管理制度的重大改革,填补了工程建设领域执业资格制度体系的空白,有利于实现项目经理的职业化、社会化、专业化。据悉,取得二级建造师资格证书的人员,可通过聘用企业,对应建筑工程、公路工程、水利水电工程、市政公用工程、矿业工程和机电工程等专业申请注册。

2003年,建设部发出通知,要求由建造师注册证书替代原有的建筑业施工企业项目经理资质证书,建造师的考试工作由地方人事部门负责,注册工作由地方建设行政主管部门负责。建造师注册管理办法的实施,促进了中国建筑施工领域与世界同行的合作与交流,促进中国工程管理人员素质和管理水平的提高,促进中国企业进一步开拓国际建筑市场。目前,全市持有二级建造执业资格证书、等待注册的人员已达两万余人。

为此,北京市建委制定了《北京市二级建造师注册实施办法》(试行),并于2007年7月20日通过北京建设网向社会公开征求意见和建议。

此次出台的《办法》基本上参照《一级建造师注册实施办法》制定,共分为注册管理体制、注册专业和类别、注册申报程序、受理和初审、审批、其他等六大部分,合计二十六条。《办法》规定,市建委负责二级建造师注册审批工作,北京市建筑业执业资格注册中心负责具体组织实施工作;各区、县建委,负责本行政区域内企业的二级建造师注册申请受理、初审和行政许可决定的告知及行政许可决定书、注册证书的送达工作；公路、水利水电二级建造师注册时，市建委送市交通、水务部门进行审核。注册申请包括初始注册、延续注册、变更注册、增项注册、注销注册和重新注册。申请人申请注册前，应当受聘于一个具有建设工程施工或勘察、设计、监理、招标代理、造价咨询资质的企业，与聘用企业依法签订聘用劳动合同，通过聘用企业提出注册申请。　　(柯廷)

北京市工程招标引入社会监督建立旁听制度

北京市建委日前出台《北京市建设工程招标投标社会监督暂行办法》，在建设工程招标投标活动中建立招标投标特邀监督员制度、招标投标社会公众旁听制度、招标投标工作定期通报制度，接受社会监督。

由于政府投资管理体制不够完善，政府投资或国有企业内部监督机构缺乏强有力的制约机制，信用体系尚不健全等多方面原因，招标投标活动中仍存在违法违规行为，建筑领域腐败现象尚未得到有效遏制。因此，充分发挥社会监督和舆论监督的作用，成为实现招投标过程的公开、透明，实现规范招投标市场主体行为及政府监管行为的必要途径之一。

特邀监督员实行荐举制

按照此《办法》，市建委将邀请市人大代表、市政协委员、建筑业行业业内专家、招投标协会以及纪检监察部门工作人员等有关方面的专业人士，作为北京市建设工程招投标活动的特邀监督员。特邀监督员人选由有关方面推荐，经市建委确定并征得本人及其所在工作单位同意后，颁发聘书，并向社会公布名单，特邀监督员聘期每届一年。在聘任期内，特邀监督员可以定期监督或不定期监督相结合的方式，在市建委的统一安排下，参加国家和本市政府投资工程和重点工程招投标活动的监督检查活动，对招投标活动过程进行监督，以及对本市招投标活动进行调查研究，并提出意见和建议；还可结合自身专业特长，在日常工作、生活中了解收集有关招投标的信息，向市建委反映发现的问题，提出意见和建议，或对本市有关建设工程招投标的重大决策和规范招投标行政监督行为提出意见和建议。对特邀监督员反映的问题、意见和建议，市建委将依法进行调查研究或处理，并将结果反馈特邀监督员。

公民旁听需提前3日报名

参加招标投标会议旁听可通过申请旁听和邀请旁听两种方式来实现。在旁听会议召开7日前，市建委将在北京建设网、市交易中心信息网及市交易中心信息发布大厅等媒体向社会发布公告。申请旁听的公民应年满18周岁，享有政治权利，并具备完全民事行为能力。申请旁听的公民须持本人身份证或所在单位、街道办事处、乡镇人民政府开具的证明，在旁听会议3个工作日前向市招标办报名申请旁听。邀请旁听则由市建委直接邀请人大代表、政协委员、民主党派、新闻记者及与建筑工程相关的人员参加。

《办法》对参加旁听人员的数量做出了明确规定，每次参加会议旁听的名额一般不超过10人，市建委将在对报名参加的人员进行综合评定后，于会议召开两个工作日前以电话方式通知公民本人领取旁听证。参加旁听会议的公民，持本人旁听证、有效身份证明在会议召开前10分钟内到场，并在会议专设席位就座。

旁听公民对招投标会议的过程有意见和建议，或对招标人、投标人、招标代理机构、评标委员会评委等资质、行为有异议的，可以在会议结束后，向市建委提出口头咨询或书面意见和建议。市建委将收集、整理旁听公民提出的意见和建议；必要时，将在会后召开座谈会，听取旁听公民的意见和建议。

此外，市建委还将在北京市建设工程信息网(网址：www.bcactc.com)设立"招标投标社会监督窗口"，组织网上论坛，广泛听取社会意见，接受社会监督；在每季度组织一次招标投标工作座谈会，邀请市场主体各方代表和社会公众代表参加，通报一季度全市招标投标工作动态，并听取各方意见。　　(廷柯)

中国建筑工业出版社
关于打击制作销售盗版《全国二级建造师执业资格考试用书/复习题集》的
郑 重 声 明

针对2008年考试要求及实际需要,我社对《全国二级建造师执业资格考试用书/复习题集》(以下称《考试用书/题集》)全面升级。现就有关事项声明如下:

(一)购买正版《考试用书/题集》,可享受超值服务

光盘内容大量修改更新,每张光盘附有新题型介绍及样题,突出辅助性、实用性;网上增值服务定期推出:专家答疑、重点讲解、试题解析、复习方法及应试技巧介绍等服务,考前提供两套模拟试题;题集全面修订,紧扣考试核心,实战性强;随书赠送精美书签。

(二)严厉打击盗版,绝不姑息

1.我社所有代理站、连锁店均应向考生宣传正版图书,坚决抵制不法书商上门推销,配合监督本地图书市场,并严格自律。凡发现代理连锁店批发或向考生销售盗版《考试用书/题集》者,立即取消代理资格,依法追究其法律责任。

2.各地培训机构需使用《考试用书/题集》者,请直接从我社代理站、连锁店等正规渠道购买。对个别地方人事考试中心报名点、建设部门培训机构等使用、销售盗版《考试用书/题集》的,我社将予以重点打击。

凡培训机构私自盗印,或从非正规渠道进货者,均视为盗版行为。一经查实,我社将直接向其上级主管单位、行政执法机关反映,向人事部、建设部汇报,并同时向新闻媒体曝光。凡盗印、销售盗版图书构成违法者,我社将直接依法起诉追究相关机构及其负责人的刑事责任。

3.各地书店欲销售《考试用书/题集》者,均应从正规渠道进货。若当地无我社代理站、连锁店,或从上述渠道进货受阻者,请直接与我社发行部联系。凡不能提供正规进货来源者,一律视为销售盗版行为。一经发现,我社将配合执法机关查封店面,给予行政处罚及提起民事赔偿或追究刑事责任。

4.对非法制作、印刷盗版《考试用书/题集》的不法书商、印刷厂,我社将通过各地特派员、专业调查机构等追查源头,并上报全国"扫黄打非"办公室。查证属实的,依据《刑法》及最高人民法院、最高人民检察院《关于办理侵犯知识产权刑事案件具体应用法律若干问题的解释》的明文规定,坚决追究其刑事责任!对提供线索、举报有功者,给予重奖!

盗版举报电话:010-68333413

中国建筑工业出版社
2008年2月

附:《考试用书/题集》正版盗版鉴别方法

①专用防伪水印纸:打开封面即为专用防伪纸,透光可见"中国建筑工业出版社"字样及社徽图案的水印;盗版图书一般无防伪纸,或无防伪水印。

②随书光盘:正版光盘有加密措施,盘面文字图案清晰,套装于图书封底内面(封三)的专用口袋;盗版图书的光盘多随意夹在书中,盘面文字图案粗糙模糊,光盘无法打开运行。

③网上增值服务密码:刮开输入密码可登录出版社网站,享受增值服务;盗版图书假冒密码或无密码,无法登录上网。

④购书折扣:我社正版图书批发折扣不低于七五折。

请考生从我社代理站、连锁店、新华书店直接购买,并索取购书发票。凡购买盗版者,均无法享受网上增值服务及光盘技术服务。

⑤随书书签:正版图书随书赠送精美书签。